어린이를 사고와 범죄로부터 지키는 환경과 지역만들기

어린이를 사고와 범죄로부터 지키는 환경과 지역만들기

野村 歡 지음
배현미 · 김미희 · 박정희 옮김

普 文 堂

어린이를 사고와 범죄로부터 지키는 환경과 지역만들기

1판 1쇄 인쇄 2010년 2월 5일
1판 1쇄 발행 2010년 2월 10일

지은이 | NOMURA Kan(野村 歡)
옮긴이 | 배현미 · 김미희 · 박정희
발행인 | 김병계
발행처 | 도서출판 보문당
등록 | 1990년 6월 15일(제1-1066호)
주소 | 서울시 마포구 신수동 448-6 우) 121-110
전화 | 704-7025 / 704-0635
팩스 | 704-2324
홈페이지 | www.bomoondang.co.kr
전자우편 | bmdpub@naver.com

값 15,000원

ISBN 978-89-8413-171-2

서 문

최근 TV나 신문에서는 어린이에 관련된 희롱, 성범죄, 유괴, 사고 등 어두운 뉴스가 실제로 자주 보도되고 있다. 제 2차 세계대전 이후 어려움을 겪었던 일본에서야말로 어린이 수난시대를 경험했던 적은 없을 것이다. 도대체 어째서 이런 세상이 되어버렸는가에 대해 많은 사람들이 심각하고 깊은 슬픔을 갖고 있는 상황 속에 지금 들어와 있다.

이 원인에 대해 어떤 사람들은 전쟁후의 교육에 문제가 있었다고 하고, 어떤 사람은 고도경제성장의 한 영향이라고도 하며, 또는 TV의 영향으로 인간관계가 희박해졌기 때문이라고 하는 등 여러 가지 원인을 거론하고 있으나, 아마도 어느 하나만의 원인에 의한 것이 아니라 다양한 요인들이 복합적으로 작용하여 이와 같은 상태가 표출되어 버렸다고 생각할 수 있겠다. 그러나 적어도 경제가 우선되는 사회가 장기간 계속된 결과, 살벌한 인간부재의 사고가 세상에 들어오게 되어, 강한 가족관계의 대부분이 희박하게 되었다는 사실과 결코 무관하지는 않은 것 같다.

이와 같은 세상 속에서도 어린이의 생활환경 일부가 개선되어진 경우도 있다. 그것은 고령자, 장애자의 생활환경정비의 움직임 속에서 볼 수 있다. 1950년대 후반에 덴마크에서 지적장애자 시설에 근무하고 있던 뱅크 · 미켈센이 제창한 노멀라이제이션 사상이 1980년대 일본에 소개된 것에 동반하여 나타났던 변화가 바로 그것이다. 현재에는 많은 도시의 건축물에 경사로나 휠체어 전용화장실 등이 정비되었고, 역에는 엘리베이터를 시작으로 다양한 고령자, 장애자를 배려하는 시설이 정비되었으며, 특히 법률까지 정비되게 되었다. 이 덕택에 유모차를 끌고 거리를 활보하는 부모들에게도 혜택이 나타나게 된 것은 좋은 평가를 받고 있다.

그러나, 이것은 어디까지나 장애자나 고령자를 배려한 설비를 이용함으로써 얻게되는 혜택으로, 발상의 원점에는 어린이에 대한 배려는 거의 이루어져 있지 않다. 그런데 우리들은 편리하게 되었다는 사실만으로 만족하여, 근본적인 부분까지는 신경을 쓰지 못하고 있는 것이 아닐까. 또한 하드적 시설의 정비만 되어있는 지금의 세상 속에서 어린이가 정말로 생활하기 쉬운 환경이 되는 것일까. 명확하게 말하면 그건 아니다. 어린이에 대한 따뜻한 배려, 어린이를 지켜주려는 관심, 특히 영아들도 안전하게 안심하고 생활할 수 있도록 주위의 어른들이 지금 무엇인가를 하지 않으면 안 된다는 생각을 해야 할 때가 온 것은 아닐까.

2007년

집필자 대표 노무라(野村 歡)

역자 서문

최근 어린이 안전에 관한 문제가 매스컴에 자주 거론되면서, 이는 현대사회가 안고 있는 심각한 사회문제란 생각을 하게 되었다. 우리의 미래를 이끌어갈 꿈나무들을 안전하게 키우고 자유롭게 성장할 수 있는 생활환경을 만들어주어야 한다는 사실은 모두가 공감하는 문제일 것이다. 그런데 과연 어린이를 위한 환경은 누가 만들어야 하며, 누가 무엇을 고민해야 하는 것일까. 이 질문에 대한 답은 아마도 우리 모두가 잘 알고 있을 것이다. 즉 우리 어른들 모두가 풀어야만 할 과제인 것이다.

어린이의 안전에 관한 문제는 매우 다양한 분야와 관련되어 있다. 사회복지, 아동교육, 보육, 의료 및 환경관련시설 등 작게는 주택 내외부와 놀이터 등에서부터 시작하여, 넓게는 마을, 지역, 사회 전체에 이르기까지, 장기적이고 광역적인 범위에서 단기적이고 세부적인 부분까지 어느 하나 빠뜨려서는 안 될 우리들의 생활 그 자체와 밀접하게 연관되어 있다. 그렇다면 이 문제는 누가 담당하여 전문적으로 연구해야 할 것인가. 그 역시 우리 모두란 대답이 나온다.

본서를 번역하면서, 이 책에 소개된 내용 모두가 내 전공분야는 아니라는 생각에 많이 조심스럽고 걱정스럽기도 했다. 하지만 최근 이슈가 되고 있는 아동관련 사회문제 해결을 위해서는 반드시 필요한 분야라는 점에 확신이 있었다. 누군가 시작해야 하는 일이기는 하나, 어느 한쪽 분야에서 전담하여 다루기는 어려운, 그래서 소개하기에 약간의 용기가 필요한 책이다.

이 책의 초반부에는 어린이 사고의 원인과 발달과정에 따른 사고의 현상, 그리고 사고에 관련된 보호자의 오해 등 책임소재에 대한 소개가 이루어지고 있어 아이를 키우는 사람이라면 누구나 알아두어야만 할 새롭고도 중요한 내용이 담겨있다. 그리고 중반부에는 사고를 미연에 방지하기 위한 환경 및 시설계획 · 설계 · 설치 · 관리 포인트가 소개되어 있어 관련전문가들에게 많은 도움이 될 듯하다.

후반부에는 보육차원에서 배리어프리 지역만들기, 범죄로부터 어린이를 지킬 수 있는 마을만들기 등 보다 안전하고 행복한 일상을 느끼고 지켜 가는데 필요한 지식들이 알기 쉽게 설명되어 있어, 이 사회의 구성원인 우리 모두가 알아두어야만 할 소중한 내용들이 소개되어 있다.

본 작업은 목포대학교 대학원 협동과정에서 보육환경을 테마로 박사과정을 밟고 있는 김미희 학생과 수업을 진행하던 중, 지금 우리사회에서 꼭 필요로 하는 내용이기도 하고, 보육환경에 대해서는 좀 더 다양한 관점에서의 접근과 검토가 필요하다는 판단 하에 연구역량을 강화시킬 목적으로 시작한 작업이다. 성실하게 작업에 임해준 김미희양의 노고에 감사하며, 본 작업을 계기로 보다 심도있고 독창적인 연구가 이루어지길 기원한다.

또한 공동역자인 전라남도 사회복지과 박정희 복지여성국장님의 참여와 지속적인 관심과 응원에도 감사드린다.

아울러 본서의 편집과정에서부터 출판에 이르기까지 세심하게 검토하여 좋은 책을 만들어준 도서출판 보문당 김태우 실장님께 감사를 드립니다.

2010년 1월

역자 대표 배현미

차례

제 1 장 데이터와 발달과정에서 보는 어린이 사고의 현상

제 2 장 어린이 사고에 관련된 보호자의 오해와 생활환경개선을 통한 사고방지의 중요성

제 3 장 사고를 미연에 방지하는 대처방안

제 4 장 놀이터 사고와 안전대책 포인트

제 1 장

데이터와 발달과정에서 보는 어린이 사고의 현상

1. 들어가는 말
2. 사고에 대한 생각
3. 사고는 건강에 관한 문제
4. 사고(Injury)의 정의
5. 사고에 대한 대처
6. 연령별로 살펴본 사고의 발생수와 그 내용
7. 사고의 발생수를 생각한다
8. 사고예방을 위한 구체적인 지도란
9. 어린이 발달과정에서 사고를 생각하자

제1장

데이터와 발달과정에서 보는 어린이 사고의 현상

1 들어가는 말

생후 10개월이 된 영아의 검진 날, 물건을 잡고 조심스럽게 걸음마를 시작하는 아이의 부모에게 말했다. 「욕실은 영유아들에게 위험한 장소이므로 사용 후 욕조 안에 물을 남겨두는 일이 없도록 해 주세요」. 그리고 약 3개월 후, 그 영아가 다시 병원을 찾아왔을 때의 상황은 심장도 호흡도 멈춘 전신 치아노제(혈액 중의 산소가 부족해 피부나 점막이 검푸르게 보이는) 상태였다. 욕조에 남아있던 물에 빠져 일어난 사고였다. 여러 방법으로 구명처치를 해 보았으나, 안타깝게도 21시간 후 그 영아는 사망하고 말았다.

사전에 부모에게 위험성을 지적했음에도 불구하고 사고는 일어났던 것이다.

이와 같이 돌이킬 수 없는 사고는 매일 어딘가에서 반드시 일어나고 있다. 그러나 어린이들의 사고라 하면, 「운이 나빴다」, 「어쩔 수 없는 일 이었다」 그리고 「부모의 부주의 때문이다」라는 말로 간단히 규정지어 버리는 실정이다.

그런데 정말 그것만으로 괜찮은 것일까요?

2 사고에 대한 생각

여기서, 필자는 어린이들에 대한 사고가 지금까지 어떻게 취급되어 왔을까 하는 의문과 함께 그것들을 개선해보고 싶다는 생각이 들었다.

가장 큰 문제는, 「어린이들의 사고는 부모의 책임이다」, 「부모의 부주의 때문에 사고가 일어났다」라고 규정지어 버린다는 점이다.

한편, 사고예방의 필요성을 지나치게 강조하다 보면 「저것도 해서는 안 되고,

이것도 해서는 안 된다」고 하는 상황이 연출되게 된다. 그렇다면 결국 「아무것도 하지 않는다면 사고는 일어나지 않는다는 것입니까?」라는 비꼬는 견해도 듣게 된다.

어떻게 생각해보면, 「어린이는 넘어지면서 몸에 상처가 나거나 혹이 생기거나 하는 과정을 거치게 되는데, 이를 통해 어린이는 평형감각을 몸에 익혀가면서 점차 성장하는 것이기도 하다. 그렇다면 조그만 사고 하나하나 모두를 방지해야 할 필요성은 없는 것 아니냐」 하는 지적도 있기는 하다.

한편, 소아과 의사나 보건사들이 검진할 때는 언제나 「위험합니다. 조심하세요라고 주의를 당부한다」. 그리고 「언제나 어린이의 손은 놓으시되, 눈은 절대로 떼지 마십시오」라고 보호자에게 조언을 한다.

간혹 소아전문가 중에는 「부모에게 어린이 사고에 대한 이야기를 하게 되면 침울해져서…」라고 하면서 사고예방활동에 부정적인 측면을 언급하는 사람도 있다. 그러나 이러한 충고나 지도방법에서, 어느 정도 유효한 사고 예방대책이 생겨나는 것이 아닐까 생각한다.

부모의 책임이라고 지적하는 것만으로 사고가 줄어드는 것은 아니다. 그리고 조심을 하더라도 모든 사고를 막을 수는 없다. 또한 눈을 떼지 않고 어린이를 길러내는 것은 가능한 일이 아니다. 그리고 사고에 대해 이야기 하는 것이 어렵다면, 암이나 에이즈 같은 이야기도 암담하니까 피하는 것이 최선의 방법이 되는 것일까요?

하지만 이러한 지적만으로 사고에 대한 문제는 어느 것 하나 해결되지 못한 것 같다. 부끄럽게도 사실상 의료기관을 찾아 치료를 받는 사고의 발생빈도는 최근 20년간 전혀 변하지 않고 있다.

사고는 건강에 관한 문제 | 3

사고는 사람의 건강에 아주 많은 피해를 초래하는 중요한 문제이다.

「병」과 마찬가지로 「사고」를 건강에 관한 문제로 인식한다면, 과학적으로 접근하는 것이 가능할 것이다.

구미에서는 이미 「사고」를 중요한 건강에 관한 문제로 인식하기 시작했다. 일반적으로 사고를 엑시던트(Accident)라고 말하고 있으나 이 단어에는 「피할 수 없는 것」이라는 의미가 포함되어 있기 때문에 최근에는 인저리(Injury)라는 단어를 사용하고 있다.

일본에서는 어린이 사고예방에 관한 대처가 대단히 미흡한 실정이나, 구미에서는 중요한 연구과제로 다루고 있으며 활발한 사고예방 활동이 전개되고 있다.

「사고」와 「병」은 건강에 관한 문제로 동일한 수준에 있다는 것을 반드시 인식해야만 한다.

4 | 사고(Injury)의 정의

사고란 「예측할 수 없는 외적요인이 단시간에 작용하여, 인체에 장해를 입히거나 정상적인 생리기능 유지에 악영향을 미치는 것[1]」이라 정의된다.

다시 사고는 불의의 사고와 의도적인 사고의 두 가지로 나뉘어진다. 불의의 사고(unintentional injury)에는 오음용 · 중독, 이물질 흡입, 화상 · 열상, 기도 폐쇄, 질식, 익사, 교통사고, 외상, 찰과상, 열중증, 가스중독, 감전 등이 있다.

한편 의도적인 사고(intentionnal injury)로는 자살 및 타살이 있다.

5 | 사고에 대한 대처

1) 「사고 발생 전의」 대책이 불충분

불의의 사고는 일어나기 쉬운 월령, 연령, 일어나는 패턴이 거의 정해져 있는 것으로, 단순히 "운이 나빠서" 일어나는 경우는 거의 없다. 다시 말해 사고는 반드시 예방이 가능한 것이다.

사고대책에 관해서는 우선, 사고를 세 가지의 유형으로 나누어 생각해보기로 하자. 즉, ① 사고 발생 전, ② 사고발생 시, ③ 사고 발생 후의 세 유형이다.

①의 「사고 발생 전」의 대책이란, 사고를 미연에 막는 활동을 뜻하는 것으로 안전한 환경이나 시설의 정비, 법적인 규제, 안전교육 등에 대해 사전에 대비하는 것을 말한다.

②의 「사고 발생 시」의 대책이란, 심폐소생 등의 구급처치를 중심으로 검토하

---

1) 偉藤隆, 山中龍宏, 淸水美登里, 梅田勝, 田中哲郎, 水田隆三 「사고의 정의에 대한 검토」 「日本醫師新報」 No. 3567, 97頁, 1992년.

는 것을 말한다.

③의 「사고 발생 후」의 대책이란, 구급의료체제, 각종 치료, 사회 복귀(rehabilitation) 등에 대한 고려를 뜻하는 것이다. 이 세 가지 ①, ②, ③을 통틀어서 「사고 대책(Injury control)」이라 한다. ②와 ③의 「사고 발생 시와 그 이후」에 관해서는, 구급의학, 마취학, 집중치료학 등의 전문분야가 있으며, 각종 연구나 의료체제의 정비 등이 행해지고 있다. 그러나 현재 ①의 「사고 발생 전」, 즉 사고를 미연에 방지하기 위한 체계적인 활동은 거의 시행되지 못하고 있다.

2) 어떻게 사고를 예방할 것인가

그렇다면 사고예방은 어느 범위까지의 사고를 대상으로 하면 좋을 것인가. 「사고에는 이르지 않았으나 아찔했던 일」은 실제로 일어나는 사고수에 비한다면 엄청나게 많을 것이다. 그것까지 포함해 생각해보면 어디까지를 예방활동으로 취급하는 것이 좋을 것인지 알 수 없게 된다.

그러므로 사람이 살아가고 있는 이상 사고에 직면하는 것은 불가피한 일이라 생각하고, 먼저 대처가 필요한 사고를 설정해야만 한다. 즉 예방의 우선순위가 높은 사고란, ① 중상에 이르거나 후유증을 남길 확률이 높은 사고, ② 발생빈도가 높은 사고, ③ 최근 증가하고 있는 사고, ④ 구체적인 해결방법이 있는 사고를 말한다.

3) 사고예방을 위한 추진방법

사고를 예방하기 위해서는 사고의 정확한 실태를 지속적으로 파악하고 그것을 분석하여, 전문가에 의한 구체적인 예방대책을 마련할 필요가 있다. 실태를 지속적으로 파악하는 시스템을 서베이런스(Survey learns)라 부르는데, 구미에서는 의료기관의 구급실을 정점으로 하여 사고에 대한 서베이런스 사업이 전개되고 있다.

또한 사고의 예방활동은 지역을 기반으로 한 지속적인 대처가 필요하다. 그리고 예방활동을 행하는 경우에는 사고발생수(발생빈도)의 감소, 사고에 따른 상해 중증도의 경감(통원일수, 입원일수, 의료비 등) 등을 통계적으로 평가하고, 그러한 작업을 통해 사고예방을 위한 지도방법을 점검하는 것이 가장 효과적인 사고예방 활동이라 할 수 있다.

구체적인 사고예방활동에는, ① 과학적으로 유효성이 입증된 방법, ② 보호자가 할 수 있는 방법, ③ 보호자가 수용할 수 있는 지도방법을 선택, 적용하여 보호자에게 직접 시행하도록 유도할 필요가 있다. 즉 보호자가 안전에 대한 행동이나 인식을 바꾸어 가도록 촉구하는 활동이 중요하다 하겠다.

6 | 연령별로 살펴본 사고의 발생수와 그 내용

여기에서는 2004년 인구동태통계(人口動態統計)를 근거로 연령별 사고발생수와 그 내용에 대해 살펴보기로 하자. 일본에서 1960년 이후 현재까지 2세에서 20세까지의 사망사고 원인을 조사한 결과, 제 1위는 「불의의 사고」로 나타났으며, 각 연령 모두에서 사망자수의 20–40%는 「불의의 사고」가 차지하고 있는 것으로 조사되었다(표 1–1).

게다가 「불의의 사고」에 대한 유형별 사망자수를 보면(표 1–2), 연령층에 따라 특징이 보이는 것을 알 수 있다. 12개월까지는 「그 밖의 불의의 질식」이, 24개월까지는 「불의의 익사 및 익수」가, 그 이후의 연령에서는 「교통사고」가 가장 많은 것으로 나타나며, 구체적으로는 6세 이후가 약 50%, 16세 이상은 70%가 교통사고에 의해 사망하는 것으로 조사되었다. 이와 같은 상황은 매년 거의 변화하지 않고 있다.

그럼 그 상황을 좀 더 상세하게 살펴보기로 하자.

「그 밖의 불의의 질식」 중, 12개월까지의 사망자 수에서 가장 많은 것은 「침대 안에서 불의의 질식 및 교수」이며, 그 다음이 「위험한 물질을 잘못 먹음」, 「기도폐쇄를 일으키는 이물질 삼킴」의 순으로 나타난다. 단 정확한 사망원인이 확실하게 밝혀지지 않는 경우도 많다. 한편 2세의 경우에는 「위험한 물질을 잘못 먹음」, 「침대에서의 불의의 질식 및 교수」, 「기도폐쇄를 일으키는 이물질 삼킴」의 순이고(표 1–3), 3세를 지나면 「그 밖의 불의의 질식」에 의한 사망자체가 감소하는 것으로 나타났다(표 1–2).

다음으로 「불의의 익사 및 익수」를 살펴보면(표 1–4), 1–2세에서는 「욕조 안에서의 익사 및 익수」와 「욕조에 떨어짐에 의한 익사 및 익수」가 80%를 차지하고, 3세가 지나게 되면 바다, 강, 호수 등 「자연 수역 내에서의 익사 및 익수」와 「자연 수역에 떨어짐에 의한 익사 및 익수」가 많은 것으로 되어 있다.

또한 「넘어짐 · 떨어짐」을 보면(표 1–5), 12개월까지는 「침대에서 떨어짐」이, 2세에서는 「건물 또는 구조물에서 떨어짐」, 「의자에서 떨어짐」이 사망원인의 대부

표 1-1 성 · 연령별로 살펴본 사망원인의 순위(사망수, 사망률은 인구 10만명 대비 인수, %임)

	제 1위		제 2위		제 3위		제 4위		제 5위	
연령	사망원인	상단:사망자수 중단:사망률 하단:비율(%)	사망원인	상단:사망자수 중단:사망률 하단:비율(%)	사망원인	상단:사망자수 중단:사망률 하단:비율(%)	사망원인	상단:사망자수 중단:사망률 하단:비율(%)	사망원인	상단:사망자수 중단:사망률 하단:비율(%)
총계	악성 신생물 (惡性新生物)	325,941 258.3 30.1	심장질환	173,125 137.2 16	내혈관질환	132,847 105.3 12.3	폐렴	107,241 85 9.9	불의의 사고	39,863 31.6 3.7
12개월	선천기형 변형 및 염색체 이상	1,025 96.5 34.7	출산시 특히 이상한 호흡장애 등	414 39 14	영유아 돌연사증상군 불의의 사고	174 16.4 5.9			태아 및 신 생아출혈성 장애 등	159 15 5.4
2~ 5세	불의의 사고	236 5.2 20.6	선천기형, 변형 및 염색체 이상	184 4.1 16.1	선천기형 변형 및 염색체 이상	100 2.2 8.7	폐렴	70 1.6 6.1	심장질환	57 1.3 5
6~ 10세	불의의 사고	230 3.9 35.1	악성 신생물	120 2 18.3	악성 신생물	44 0.7 6.7	심장질환	33 0.6 5	기타 신생물	32 0.5 4.9
11~ 15세	불의의 사고	150 2.5 25.4	악성 신생물	108 1.8 18.3	심장질환 자살	44 0.7 7.5			폐렴	26 0.4 4.4
16~ 20세	불의의 사고	615 9.4 34.1	자살	511 7.8 28.4	악성 신생물	166 2.2 9.2	심장질환	107 1.6 5.9	선천기형 변형 및 염색체 이상	38 0.6 2.1

주) 사망원인명은 다음과 같이 생략되었음.

- 심장질환 ← 심장질환(고혈압성은 제외)
- 출산시 특히 이상한 호흡장애 등 ← 출산시 특히 이상한 호흡장애 및 심혈관 장애
- 태아 및 신생아 출혈성 장애 등 ← 태아 및 신생아 출혈성 장애 및 혈액장애
- 사망원인의 순서는 사망자수가 많은 것부터. 사망자수가 같을 때는 동일순위에 사망원인명을 열거하고, 다음 순위를 공란으로 비워두었음.
- 12개월의 사망률은 출생 10만명에 대한 비율임.
- 비율은 각각의 연령별 사망자수를 100으로 한 경우의 비율임.

(자료 : 2005년 인구동태통계)

분을 차지하며, 3세에서는 「건물 또는 구조물에서 떨어짐」이 가장 많았다.

여기에서 인구동태통계에 나타난 사망원인을 상세하게 밝힌 이유는, 어떤 상황에서 어린이가 사망하고 있는가를 구체적으로 알리기 위해서이다. 사망원인별 사고 상황을 검토해보면, 사고발생은 어린이의 성장 및 발달과정과 밀접하게 관련되어 있다는 사실을 잘 알 수 있을 것이다.

표 1-2 불의의 사고를 유형별로 살펴본 연령별 사망자수

연령	1-5세	12개월	2세	3세	4세	5세	6-10세	11-15세	16-20세
불의의 사고	410	174	85	59	51	41	230	150	615
교통사고	82	11	18	27	18	8	109	71	461
넘어짐 · 떨어짐	28	7	8	6	6	1	8	14	33
생물에 의하지 않은 기계적 힘에 의한 사고	2	1	1	—	—	—	5	5	12
생물에 의한 기계적 힘에 의한 사고	1	1	—	—	—	—	—	2	2
불의의 익사 및 익수	65	9	24	8	10	14	61	25	49
그 밖의 불의의 질식	172	133	22	6	7	4	15	11	23
전류, 방사능 및 극단적인 기온 및 기압에 의한 사고	—	—	—	—	—	—	—	—	2
연기, 불 및 화염에 의한 사고	43	6	5	12	9	11	22	14	15
열 및 고온물질에 의한 사고	1	—	1	—	—	—	2	—	—
유해 동식물 접촉에 의한 사고	—	—	—	—	—	—	—	—	—
자연의 힘에 의한 사고	6	3	2	—	—	1	2	2	5
유해물질에 의한 불의의 중독 및 유해물질에 의한 사고	1	—	—	—	—	1	4	6	11
무모한 시도, 여행 및 결핍상태	—	—	—	—	—	—	—	—	—
기타 원인불명의 요인에 따른 불의의 사고	9	3	4	—	1	1	2	—	2

(자료 : 2005년 인구동태통계)

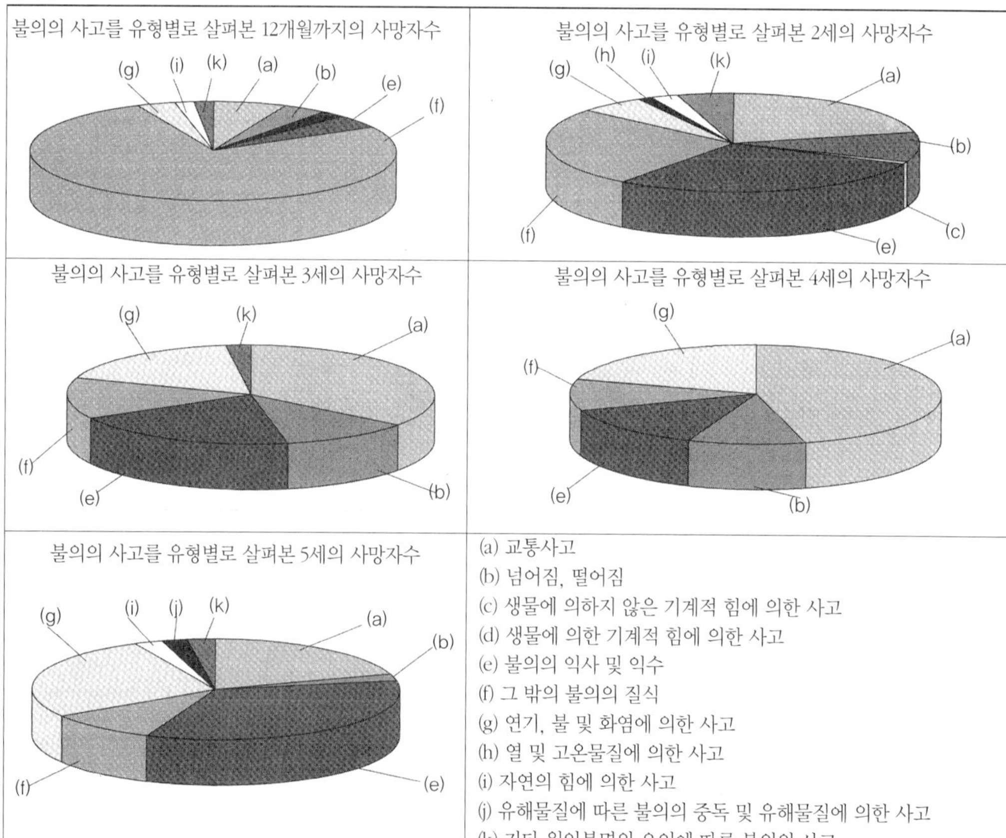

(자료 : 2005년 인구동태통계)

표 1-3 그 밖의 불의의 질식에 관한 구체적인 내용

연령	1-5세	12개월	2세	3세	4세	5세	6-10세	11-15세	16-20세
그 밖의 불의의 질식	172	133	22	6	7	4	15	11	23
침대 안에서의 불의의 질식 및 교수	55	46	5	2	2	—	2	1	—
그 밖의 불의의 목졸림 및 교수	2	—	1	—	1	—	2	—	1
낙반, 낙하하는 토사 및 그 밖의 물체에 의한 질식	1	1	—	—	—	—	1	—	1
위험한 물질을 잘못 먹음	48	33	10	—	3	2	3	1	7
기도폐쇄를 일으키는 이물질 삼킴	31	24	2	3	1	1	3	6	4
기도폐쇄를 일으키는 기타 물체의 오음	8	5	1	1	—	1	2	—	3
저산소 폐쇄환경에 갇힘	—	—	—	—	—	—	—	—	1
그 밖의 명시된 질식	3	3	—	—	—	—	—	2	3
원인불명의 질식	24	21	3	—	—	—	2	1	3

(자료 : 2005년 인구동태통계)

표 1-4 불의의 익사 및 익수에 관한 구체적인 내용

연령	1-5세	12개월	2세	3세	4세	5세	6-10세	11-15세	16-20세
불의의 익사 및 익수	65	9	24	8	10	14	61	25	49
욕조 안에서의 익사 및 익수	30	6	18	1	3	2	6	12	11
욕조에 떨어짐에 의한 익사 및 익수	3	1	2	—	—	—	—	—	—
수영장에서 익사 및 익수	3	—	—	—	1	2	3	1	—
수영장에서 전략에 따른 익사 및 익수	—	—	—	—	—	—	—	—	—
자연수역 내에서의 익사 및 익수	9	2	—	—	2	5	26	9	29
자연수역에서 전략에 따른 익사 및 익수	5	—	—	2	2	1	5	1	2
그 밖의 명시된 익사 및 익수	11	—	2	4	2	3	18	1	1
원인불명의 익사 및 익수	4	—	2	1	—	1	3	1	6

(자료 : 2005년 인구동태통계)

칼럼 1

영유아의 사망률

일본의 영유아 사망률이 세계에서 가장 낮다는 것은 잘 알려져 있는 사실이다. 하지만 사고에 의한 어린이 사망률을 선진 15개국과 비교해보면(1995년판, WHO Statistics annual), 다른 나라보다 사망률이 높은 것으로 보고되고 있다(1세의 경우는 15개국 중 12위, 2~5세에서는 11위). 따라서 적극적으로 사고에 대한 예방대책을 펼쳐, 사고에 의한 사망률이 가장 낮은 스웨덴의 수준까지 낮출 수 있다면, 매년 1~5세 연령층 500~600명의 어린이가 생명을 구할 수 있는 것으로 계산된다.

표 1-5 넘어짐 · 떨어짐에 관한 구체적인 내용

연령	1-5세	12개월	2세	3세	4세	5세	6-10세	11-15세	16-20세
넘어짐 · 떨어짐	28	7	8	6	6	1	8	14	33
얼음 및 눈에 의한 동일 평면상에서 넘어짐	—	—	—	—	—	—	—	—	—
미끄러짐, 걸림 및 비틀거림에 의한 동일 평면상에서의 넘어짐	2	—	—	1	1	—	1	2	4
스케이트, 스키, 롤러스케이트 또는 보드에 의한 넘어짐	—	—	—	—	—	—	—	—	1
타인과의 충돌 및 밀림에 의한 동일평면상에서, 그 외의 넘어짐	—	—	—	—	—	—	—	1	1
타인에 의한 옮겨짐 및 기댐에 의한 넘어짐 · 떨어짐	—	—	—	—	—	—	—	—	—
휠체어 등에서 떨어짐	1	1	—	—	—	—	—	—	—
침대에서 떨어짐	5	3	1	1	—	—	—	—	—
의자에서 떨어짐	4	—	3	1	—	—	—	—	—
그 밖의 가구에서 떨어짐	—	—	—	—	—	—	—	—	—
운동장 설비에서 떨어짐	—	—	—	—	—	—	—	—	1
계단 및 난간에서 떨어짐 및 그 위에서 넘어짐	1	1	—	—	—	—	—	1	—
사다리에서 떨어짐 및 그 위에서 넘어짐	—	—	—	—	—	—	—	—	—
발판에서 떨어짐 및 그 위에서의 넘어짐	—	—	—	—	—	—	—	—	—
건물 및 건축물에서 떨어짐	12	—	4	2	5	1	4	9	23
수목에서 떨어짐	—	—	—	—	—	—	—	—	—
절벽에서 떨어짐	—	—	—	—	—	—	1	—	—
익사 및 익수 이외의 부상을 동반한 물속으로의 잠수 또는 다이빙	—	—	—	—	—	—	1	—	—
그 외의 떨어짐	3	2	—	1	—	—	1	1	2

(자료 : 2005년 인구동태통계)

7 | 사고의 발생수를 생각한다

「불의의 사고」에 따른 사망자수에 대해서는, 매년 발표되는 인구동태통계에 의해 정확하게 파악할 수 있다. 그러나 사고 전체에서 차지하는 사망자의 비율은 대단히 적은 수이며, 사망에 이르지 않는 다수의 사고에 대한 정확한 발생수를 지속적으로 알아낼 수 있는 정보는 없는 상황이다.

이쯤에서 입원이 필요했던 사고 및 외래진료를 했던 사고의 발생률로부터, 사고에 의한 사망 1건에 대한 사고의 발생빈도를 계산한 데이터를 살펴보기로 하자.

조사데이터에 의하면 2~5세에서는 사망사고 1건에 대하여 입원을 필요로 하는

사고는 65건, 외래진료가 필요한 사고는 4,500건 발생한 것으로 나타났다. 또 가정에서 처치할 수 있는 정도의 사고는 100,000건, 처치를 하지 않고 상태를 살펴보는 정도의 사고는 190,000건으로 추정되고 있어, 매일 방대한 수의 사고가 발생하고 있는 것을 알 수 있다[2].

사고예방을 위한 구체적인 지도란 | 8

1) 구체적 표현에 의한 지도가 중요

사고예방을 위해 지금까지 가장 자주 언급되어 왔던 것은 보호자에 대한 지적이었다. 「위험합니다」, 「조심하세요」, 「어린이에게 결코 눈을 떼지 마세요」, 「좀 더 신경을 쓰는 것이 중요합니다」. 그러나 사고는 계속 일어나고 있다. 분명히 보호자의 감시에 의해 많은 사고가 예방되어 왔으나, 모든 사고를 막는다는 것은 도저히 가능한 일이 아니다.

그런데 다양한 연구결과를 보면 안전교육은 효과가 거의 없으며, 환경의 개선이나 제품을 개선하는 것이 사고예방에 더욱 효과적이라는 사실이 밝혀지고 있다.

한 예로 구미에서는 영유아 검진 시 직경 32mm, 길이 57mm 원통형의 플라스틱통을 보호자에게 건내고 「그 안에 들어가는 것은 아기의 입 안으로 들어갈 위험성이 있으므로, 1m 보다 높은 곳에 올려 놓으세요」와 같이 지도하고 있다. 이 직경 32mm라는 치수는 영유아의 최대 구경크기로 미국 완구협회의 안전장난감(4세 미만용)의 기준치이다.

원통형의 플라스틱을 건네는 것은 구체적인 방법으로 대단히 바람직한 지도법이라 생각된다. 이전에는 종이로 통을 만들어 그 효과를 검사해 본 적도 있었다.

육아잡지에 게재된 이물질 삼킴에 대한 기사의 한쪽 페이지에, 잘라내어 만들면 직경이 32mm가 되는 원통의 도면을 싣고, 「이 페이지를 오려서 통을 만들고, 이것에 들어가는 물건은 1m보다 높은 곳에 두세요」라는 지도법을 시행했었다. 그 지도방법대로 실시한 어머니 190명과, 자신은 평소에 신경을 쓰고 있으므로 그와 같은 점검은 필요치 않다고 대답한 어머니 145명을 대상으로 하여, 7개월 후에 이

---

2) 田中哲郎 「어린이의 사고」 「어린이 보건연구」 61(2), p.179~186, 2002년

물질 삼킴의 발생상황에 대해 물어보았다. 그 결과 지도사항을 그대로 시행한 그룹에서는 이물질 삼킴 사고의 발생이 확연하게 낮은 것으로 나타났다.

그 외의 예로 유해물질을 삼키는 사고를 막기 위하여 어린이는 직접 뚜껑을 열기 어렵게 만들어져 있는 병도 있다. 안전뚜껑(Safe cap) 약병이라 부르며, 이것은 뚜껑을 강하게 누르면서 돌리지 않으면 열 수 없는 구조로 되어 있어, 약의 오복용이 발생하기 쉬운 연령층의 어린이에게는 효과적인 방법이다. 「약의 보관에는 충분한 주의를 기울이세요」, 「사용 후에는 약병을 반드시 약상자에 넣어 정리하세요」라고 주의를 주는 것보다 안전뚜껑 약병을 사용하거나, 또는 병 하나에 들어있는 약을 치사량 이하로 보관한다면 보다 높은 예방효과를 얻을 수 있을 것이다.

이와 같이 사고를 예방하기 위해서는 애매한 주의나 지적을 하는 것보다는, 어린이의 발달과정에 따라 특성을 살펴가면서 「○○와 △△는 ◇◇에 놓아두지 않도록 하세요」 등 보다 구체적인 방법을 제시하거나 어린이와 보호자 모두에게 맞는 환경을 정비해나가는 것이 중요하다.

칼럼 2

오음용(誤飮, 이물질 잘못 삼킴) 체커

아사히대학(朝日大學) 치학부 소아치과학 강의를 담당하고 있는 다무라 교수에게 의뢰하여, 4~16세 아동의 구강을 측정하여(좌측 그림), 그 측정치를 토대로 4세 영유아의 구강 입체모형을 제작하였다. 그 모형의 명칭을 「오음용 체커」라 하며, 이것은 이물질 삼킴과 이로 인한 질식을 예방하기 위한 교재로 채택하고 있다. (사)일본가족계획협회에서 구입 가능.

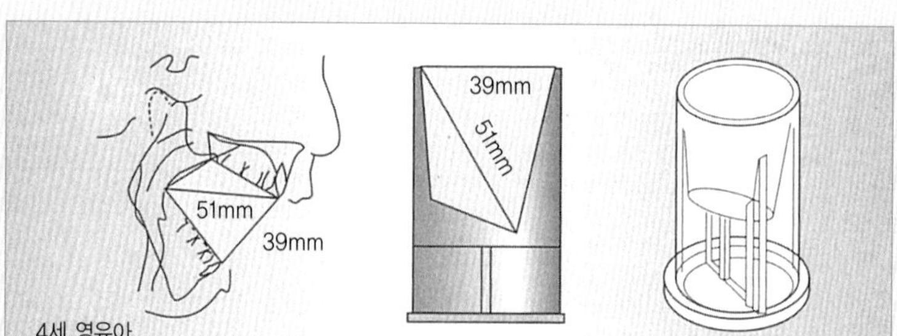

좌 : 4세 영유아의 구강용적 측정점
중 : 오음용 체커의 단면도
우 : 오음용 체커(중앙의 컵 모양 가운데 들어가는 것은 4세까지의 영유아가 삼켜버릴 가능성이 있다)

2) 지도의 구체적인 기회와 대상자

그렇다면 사고예방에 대한 지도는 언제 이루어져야 할 것인가. 구체적으로 생각할 수 있는 것은 ① 산모수첩 교부시, ② 어머니 교실 · 부모 교실, ③ 보건사 등에 의한 가정 방문시, ④ 정기 검진시(3~4개월, 9~10개월, 1년 6개월, 36개월 등), ⑤ 유아 교실 · 보육시설 등이 있다. 따라서 지도하는 장소로는 소아과병원 또는 보건센터, 보육소 등이며, 지도를 시행하는 사람은 의사, 간호사, 보건사, 약제사 혹은 보육사 등이다. 물론 어떤 직종의 사람이든 사고를 예방하는 지도의 중요성을 인식하는 것이 가장 중요하다.

지도 대상자는 우선, 부모 그리고 될 수 있으면 어린이와 동거하고 있는 모든 사람들을 대상으로 할 필요가 있다. 단 어린이 사고를 예방하기 위한 조직은 제한된 사람만으로 가능한 것은 아니다. 예를 들면 놀이기구나 장난감을 만드는 제조회사, 공원을 관리하는 지자체의 직원이나 학교관계자, PTA, 지역자치회, NPO 조직 등 많은 사람이 관심을 갖고 함께 대처해나가야 할 것이다.

어린이 발달과정에서 사고를 생각하자 | 9

어린이에게 일어나는 사고는 어린이의 성장발달과 밀접한 관련성이 있다. 그렇다면 어린이의 발달과정을 다시 한번 살펴보고 그 시기에 일어나기 쉬운 사고를 점검해 보기로 하자.

■어린이 성장발달의 개요

- 1개월경
  - 큰소리에 흠칫 놀라 손발을 쭉 뻗거나, 울기 시작한다.
- 3~4개월경
  - 머리를 가눈다.
  - 보이지 않는 쪽에서 말을 걸어보면, 그쪽 방향을 보려한다.
  - 가까이 다가오는 것을 보거나, 천천히 움직이는 것을 눈으로 쫓아간다.
  - 엷은 과즙이나 국물을 마시기 시작한다.
- 6~7개월경
  - 자다가 몸을 뒤집는다.

- 앉는다.
- 몸 가까이에 있는 장난감에 손을 뻗어 잡는다.
- TV나 라디오 소리가 들리면 바로 그쪽을 쳐다본다.
- 이유식을 2회 한다.

• 9~10개월경

- 방긋방긋 웃는다.
- 잡고 설 수 있다.
- 손가락으로 작은 것을 집는다.
- 소변을 가린다.

• 12개월(2세)경

- 걸음마를 한다.
- TV 등의 음악에 맞춰 몸을 움직인다.

• 3세(24개월)경

- 달릴 수 있게 된다.
- 숟가락을 사용하여 스스로 먹을 수 있다.
- 나무 블록으로 탑과 같은 것을 만들거나, 옆으로 늘어세워 기차 같은 것을 만들면서 논다.
- 손을 사용하여 계단을 오른다.

• 4세(36개월)경

- 손을 사용하지 않고 혼자서 계단을 오른다.
- 혼자서 옷을 입고 벗을 수 있다.
- 엄마가 하는 일이나 동물흉내 등 모방놀이를 한다.

여기에서는 그 연령에서 보여지는 대표적인 특성을 들어보았다. 개인차가 있으므로, 개략적인 가늠으로 생각하길 바란다.

그럼 여기에서 불의의 사고 중 「그 밖의 불의의 질식」에 대한 내용을 살펴보기로 하자(표 1-3). 「침대 안에서의 불의의 질식 및 교수」, 「위험한 물질을 잘못 먹음」, 「기도폐쇄를 일으키는 음식물을 잘못 먹음」, 「기도폐쇄를 일으키는 그 밖의 이물질 삼킴」이 80% 이상을 차지하고 있으나, 이러한 사고는 어린이의 성정발달과 밀접하게 연관되어 있다는 것을 알 수 있다. 머리를 가누기 전의 아이라면 머리를 스스로 움직일 수 없기 때문에 베개나 이불에 의한 질식, 결국 「침대 안에서의

표 1-6 발달단계에 따른 사고의 타입 및 사고 발생요인

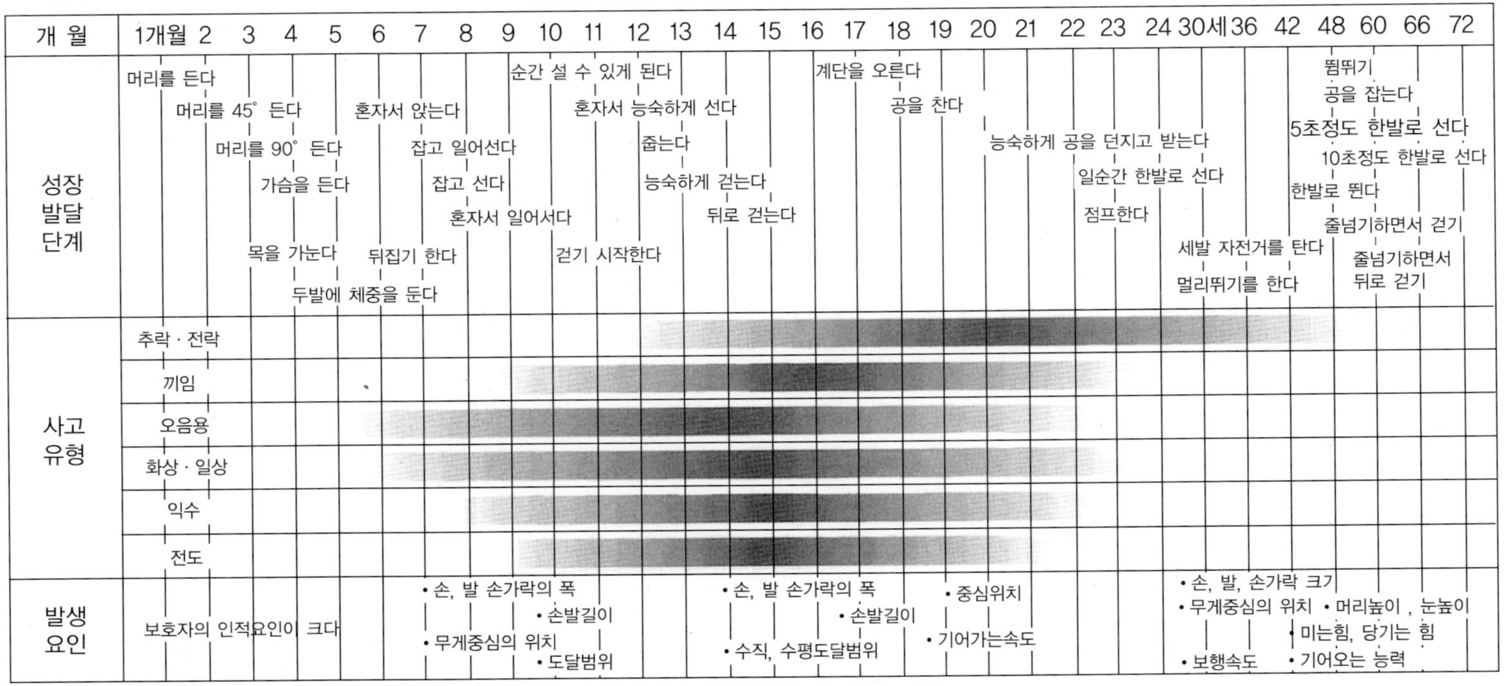

자료: 「영유아를 대상으로 한 신체계측장치의 발달과 데이터 수집에 의한 건축안전계획에 대한 고찰 – 영유아의 가정내 사고방지에 관한 연구–」

불의의 질식 및 교수」가 일어날 위험성이 있다. 이유식을 시작한 어린이의 경우, 묽기가 충분하지 않으면 이유식이 목에 걸려 결국 「기도폐쇄를 일으키는 음식물을 잘못 먹음」이 일어날 우려가 있다.

특히 위의 발달과정을 살펴보면, 4개월경부터는 주위 물건에 흥미를 갖기 시작하는 것을 알 수 있다. 일반적으로 5개월 정도부터 눈앞에 있는 것을 쥐거나, 손에 잡은 것을 입으로 가져가게 된다. 6개월이 지나면 손을 보다 능숙하게 사용하게 되며 그 때문에 이 시기부터 담배와 단추 등 작은 물건을 잘못 먹는(오음용, 誤飮) 사고, 즉 「기도폐쇄를 일으키는 그 밖의 이물질 삼킴」이 일어날 가능성이 높아지게 된다.

또 9~10개월이 지나면 잡고 걷기 때문에 혼자서도 걸어갈 수 있게 된다. 한편으로는 아직 능숙하게 균형을 잡지 못하기 때문에 이동식 테이블이나 서랍의 모서리에 머리를 부딪치거나, 계단에서 굴러 떨어지거나, 욕조에 떨어지는 사고가 자주 발생한다. 이 경우 아주 심각한 사고로 이어질 위험성이 있다. 「넘어짐 · 떨어짐」에 의한 사망자수는 12개월과 24개월 모두에서 불의의 사고 중 4번째로 많고(표 1–2), 그 중 「침대」, 「의자」, 「건물 또는 구조물」에서 「떨어짐(전락)」이 대부분을 차지하고 있다(표 1–5). 또 12개월의 경우 「익사 및 익수」가 사망원인의 최고를 차지하고 있는데(표 1–2), 그 내용을 살펴보면 「욕조 안에서」 및 「욕조에서」, 「떨어짐」에 의한 것이 80%를 차지한다(표 1–4). 이와 같이 살펴보게 되면, 어린이의 발달 상황을 이해한 이후에 사고방지대책을 마련하는 것이 대단히 중요하다는 것을 이해할 수 있을 것이다.

예를 들어 5개월을 넘겼다면 담배나 작은 물건(구체적으로 앞에 소개한 오음용 체커에 들어가는 것)을 아이 주변에는 놓지 말고, 잡고 설 수 있게 되면 손에 닿지 않는 높이(1m 이상)에 두고, 욕조에 물을 담아놓지 말기 등이다. 이때 가능한 한 구체적이며 실천 가능한 방법을 제시하도록 한다.

표 1–6에 어린이의 발달과정과 그 시기에 일어나기 쉬운 사고를 정리하였다.

칼럼 3

중독사고가 일어나면

인물질의 확인

저 무엇을 마셨는지, 무엇을 흡입했는지, 중독의 원인물질을 확인하도록 한다. 자살이 목적인 경우라면 본 말하는 물질명칭을 믿을 수 없으므로, 주위의 상황이나 흩어진 병과 빈상자 등에서 확인해야 한다. 또한 있는 양에서 마신 양을 판단하는 것도 대응의 주요 포인트이다.

응급처치

삼켰을 때

. 물이나 우유를 먹인다 : 우유에는 위벽을 보호하고, 독물질의 작용을 약화시키는 작용이 있다.

주의 우유를 먹여서는 안되는 것 : 방충제, 석유제품(등유, 가솔린, 신나, 벤젠 등)의 경우

이유 독물질의 신체 흡수량을 증가시키기 때문에

. 목젖을 자극해 토하게 한다.

) 어린이가 능숙하게 토하게 하는 방법

① 반 컵 정도의 물이나 우유를 마시게 한다.

주의 소금물을 마시게 해서는 안 된다.

② 어린이를 무릎 위에 걸쳐놓고 머리를 낮게 한다.

③ 검지 손가락으로 목젖(혀의 끝부분)을 누른다.

④ 토한 물질이 기도로 들어가지 않도록 한다.

i) 토하게 해서는 안되는 경우

① 의식이 없을 때나 경련을 하고 있을 때

이유 토한 물질이 목에 걸릴 수 있다.

② 강산이나 강알칼리를 함유한 제품(화장실용 · 파이프용 · 환풍기용 세정제, 표백제 등).

이유 식도의 점막에 심한 화상을 남긴다.

③ 석유제품

이유 기도로 흡입되면 심각한 폐렴을 일으킨다.

가스를 흡입했을 때 : 깨끗한 공기가 있는 장소로 이동시키고 안정시킨다.

눈에 들어갔을 때 : 흐르는 물에 잘 씻는다(가능하면 15분 이상).

얼굴을 옆으로 향하게 하고, 주전자로 물을 천천히 흘리거나 수도의 경우는 물을 강하게 틀지 말고 물을 약하게 흘려가면서 씻는다. 강한 물로 씻으면 오히려 눈에 장애를 발생시키는 경우가 있다.

피부에 붙었을 때 : 독물이 붙은 착의는 바로 벗기고, 비누를 사용해 피부를 충분히 물로 씻는다.

■**의식이 없을 때** : 삼킨 물건이 목에 걸리지 않도록 옆으로 향하는 자세를 취한다. 아래턱을 앞으로 잡아당기고, 위쪽 팔꿈치와 무릎을 구부려 몸을 지탱한다.

3. 의료기관에서 진료를 받는다.

- 반드시 마신 것(용기와 설명서)을 손에 들고, 문의하거나 또는 진료를 받는다.
- 이미 증상이 있는 경우에는 곧바로 진료를 받는다. 상품이나 독성의 정보 등이 필요한 경우에는, 중독 110번에 상담하도록 한다.

- 전해야만 하는 것 -

① 환자의 나이, 몸무게

② 원인물질의 정확한 명칭

③ 섭취량, 섭취경로, 섭취 후 경과시간 : 주위에 흘러나와 있지 않은가, 용기에 남아있는 양은 어느 정도인가?

④ 사고 발생상황 : 잘못 마신 것인가, 자살하려고 한 것인가?

⑤ 지금 일어나고 있는 모든 증상

⑥ 삼켰는가, 삼키지 않았는가?

제2장

어린이 사고에 관련된 보호자의 오해와 생활환경개선을 통한 사고방지의 중요성

1. 하인리히 법칙과 히야리 하트
2. 사람은 실수가 있다는 것을 인정하는 것에서부터 시작하자
3. 보호자가 모든 사고를 막을 수 있을까
4. 어린이 보호자가 생각하는 책임소재에 관한 의식조사
5. 생산자나 설계자들도 사고를 예방하고 싶긴 하지만
6. 마무리 - 보호자의 책임과 제품 생산자의 책임 -

제2장

어린이 사고에 관련된 보호자의 오해와 생활환경개선을 통한 사고방지의 중요성

1 | 하인리히 법칙[1]과 히야리 하트[2]

가정 내 사고에 국한되는 것은 아니지만, 노동안전, 위생, 의료사고방지 등 여러 방면에서 인간적인 실수에 의해 발생되는 사고는 이용자의 안전교육만으로 완전하게 막을 수 있는 것은 아니라고 한다.

사고에 관한 일례로 주변환경과 시스템을 바꾸지 않는 한, 사고는 어떤 일정한 비율로 일어날 수밖에 없다는 사실을 하인리히[3]가 주장하였다.

그 내용은 하인리히가 보험회사의 의뢰를 받아 노동재해의 발생상황을 분석하던 중「하나의 중대한 사고가 일어나게 되는 배경에는, 29개의 경미한 사고와 300개의 사고가 일어날 수 있는 위험성을 숨긴 사고가 잠재되어 있다」는 규칙을 발견하게 되었다는 사실이다. 즉 우리 주변에서 어떤 사망사고나 끊이지 않고 반복되는 중대사고가 일어나게 되는 경우, 우리들은 마치 그것들이 우발적으로 일어난 것이라 생각하기 쉽다. 하지만 이러한 중대사고가 일어나는 배경을 잘 살펴보면 약 29개의 비교적 경미한 사고, 다시 말해 병원에 가지 않고 간단한 치료만으로 나

1) 1930년대 H. 하인리히(Herbert W. Heinrich)라는 사람이 5,000건의 노동재해를 분석해본 결과, 대형사고 1건이 발생하기 전에 같은 요인으로 비롯된 소형사고 29건이 있었고, 또 운 좋게 재난은 피했지만 같은 사고를 낳을 번한 징후가 300건이나 있었다는 사실을 발견했다. 여기서 '1대 29대 300'이라는 하인리히 법칙이 만들어졌다. 하인리히 법칙은 1931년에 출간된 '산업재해 예방(Industrial Accident Prevention)'에 소개되었고, 오늘날까지도 산업재해 예방에 관한 가장 권위있는 이론으로 간주된다.

2) 히야리 하트(ヒヤリハット, Hiyari hat)는 신조어(新造語)로 큰 사고로 이어질지도 모르는 실수의 총칭을 뜻함. 즉 위험천만한 사례정보의 뜻으로, 사고가 일어나지는 않았지만 사고가 일어나도 이상하지 않은 상황으로 사고가 일어나기 전 단계 사례라는 뜻. 직전, 직후에 회피한 실수나 다행이 피해가 적었던 실수 등을 가리키는 것으로, 의료, 건축현장 등 생명상의 안전성을 요청되는 분야에서 자주 사용되고 있음.

3) 하인리히(H.W.heinrich) : 영국인. 전 세계에 '하인리히 법칙(1931년)'으로 보급되고 있는 이 보편원리는 지금부터 약 80년 전에 주장되었다.

을 수 있다거나, 병원에 가더라도 치료를 마치고 그 날 바로 집에 돌아올 수 있는 정도의 사고가 일어났던 것으로 조사된다. 좀더 상세히 살펴보면 그 배경에는 부상을 입지는 않았지만 위험하다는 생각이 들었다거나, 부상을 입을 것만 같았다는 등 이른바 히야리 하트가 300건 정도 있었다는 것도 알수 있다. 이와 같은 점에서 그 비율은 하인리히의 법칙, 즉 1대 29대 300의 법칙으로 불리게 되었다.

이 비율은 대부분의 사건현상에서 보편적인 원칙처럼 사용되고 있다. 그러나 그것은 다양한 사항에 따라 변해가는 것이라 생각된다. 예를 들어 다나까[4]의 주장에 의하면, 어린이 사고의 경우 사망사고 1건이 일어나기까지 외래진료 2,600건, 가정 내에서 처리했던 것이 10만 건, 처리하지 않고 경과만 지켜본 사고가 19만 건에 이르는 것으로 추산하고 있다.

어찌되었든 이와 같은 사실에서 우리가 얻을 수 있는 교훈은 다음과 같다.

- 중대사고는 갑자기 일어나는 것이 아니며, 우리 주변에서 그 징후가 되는 사건들이 빈번하게 발생되고 있다는 점이다. 따라서 사전예측이 가능하다고 하겠다.
- 중대사고의 배경이 되는, 사고로 이어졌던 경험이나 경미한 사고가 일어났던 경우에 그 정보를 수집하여 사고가 일어났던 대상물에 대한 철저한 사고분석과 대책을 강구한다면 중대사고는 일어나지 않을 것이다.

그림 2-1 하인리히 법칙에 의한 사고의 발생

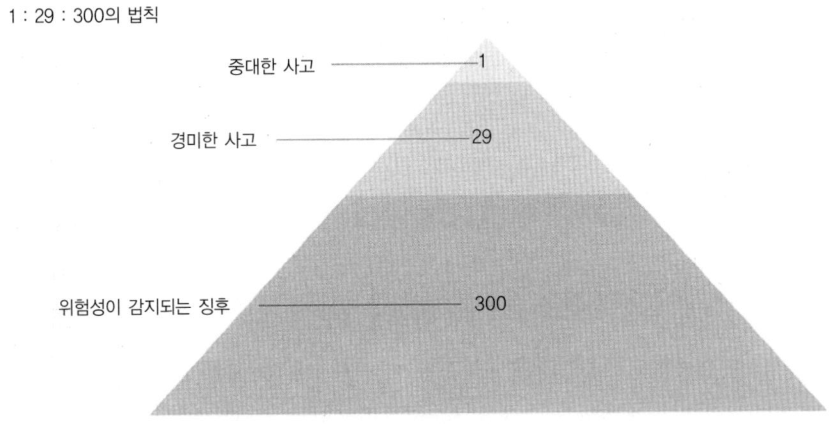

4) 田中哲郎 : 「신 어린이 사고방지 매뉴얼 개정 3판」 진단과 치료사, p.86, 2003년 7월

2 사람은 실수가 있다는 것을 인정하는 것에서부터 시작하자

공학계 엔지니어와 건축설계자는 이와 같은 원칙들에 대해 배우고 있을 것이다. 즉 인간이 범하게 되는, 무심코 저질러 버린 잘못, 또는 위험이 닥치고 있다는 것을 알아채지 못해 일어나 버리게 되는, 이른바 「휴먼에러」는 인간이 시스템에 관계하는 이상 반드시 발생하게 된다는 것을 인식해야만 한다. 그래서 사고나 위험을 방지하기 위해서는 공업제품이나 건축물에 여러 가지 공학적인 대책을 강구해야만 하는 것이다.

이러한 휴먼에러라는 말의 배경에는,

■ 인간은 종종 잘못을 범하는 존재이다.

■ 인간이 안전에 대한 주의력을 지속시키는 것은 불가능하다.

■ 인간은 하지 말아야 하는 것을, 종종 의도적으로 해버린다.

고 하는 교훈이 포함되어 있다. 쉽게 말하면 「안전을 보장하기 위해서는 인간 스스로의 역할에는 기대하지 않는다는 것을 전제조건으로 하여 물건을 만들어라」는 것이다.

따라서 우리들이 어린이의 사고방지를 위해 반드시 해야하는 일은 보호자 자신이 하루 종일 어린이의 행동에 주의를 기울여야 한다는 것은 아니다. 먼저 시행해야만 하는 일은 어린이의 생활환경에 사고 위험을 유발하는 요인이 없는가를 찾아보고 만약 있다면

① 그와 같은 환경자체를, 먼저 자신의 힘으로 피할 수 있다면 스스로 피해볼 것(제 4장 참조).

② 제조회사나 설계자에게 제품이나 건축물에서 사고가 일어났다는 사실을 알리도록 할 것.

이미 생산품에는 제조회사의 「소비자 상담창구」 혹은 「고객 상담실」이라는 이름으로 전화번호가 명기되어 있을 것이다. 생활용품에 손이 끼어 부상을 입었다, 의자에 오르다가 떨어졌다 등의 정보는 제조회사에 적극적으로 알려주도록 한다.

---

5) 소비생활용 제품안전법 : 제품사고정보를 사회전체에서 공유하여, 제품사고의 재발방지를 도모할 목적으로 제정된 법률. 최근에는 가스 순간온수기(파로마 공업(주) 2006년 8월 28일), 온풍난방기(마츠시타 전기산업(주) 2005년 11월 29일)에 대하여, 제 82조의 규정에 근거하여 긴급명령을 내렸다. 또한 욕조용 온수순환기에 어린이의 머리카락이 빨려 들어가는 사고가 자주 발생하였다는 사실에서 이 법에 의거하여 특정제품을 지정하여 판매를 규제시키게 되었다(2003년 8월 1일).

칼럼 1

AT(Automatic Transmission) 자동차의 사고와 대책

일본에서는 1970년대 후반부터, 현재는 주류가 되어 있는 변속기어의 조작이 필요 없는 오토매틱 자동차가 사용되기 시작했다. 그런데 운전자가 차를 멈추고 엔진을 끄고 난 후 조작레버를 주행위치(Drive Position)에 넣어둔 채 차에서 내리는 것은 흔히 있는 일이라 하겠다. 그러나 그 상태 그대로 시동을 걸면, 엔진이 갑자기 고회전으로 움직이게 되어 차가 폭주하게 되는 사고가 끊임없이 나타났다. 또한 그로 인한 사망사고도 많이 발생하여, 연일 보도되었으나, 이에 대해서는 운전자의 부주의 때문이라 판단하여 운전자 단 한사람에게 무거운 형사상 형벌과 민사상 책임이 지워졌다.

1980년대에 들어서면서는 이러한 사고를 미연에 방지하기 위해 조작레버를 주행위치에 둔 채로 엔진을 걸면, 시동이 걸리지 않게 만들도록 의무를 부여하게 되었다. 이러한 대책 그 자체는 기술적으로는 매우 간단한 작업이었다. 그럼에도 불구하고 이러한 사고는 면허를 가진 운전자에게 모든 책임을 부여함으로써 몇 년에 걸쳐 같은 사고를 반복시키는 결과를 낳았다. 이 사고는 자택의 주차장에서 일어나는 경우가 많았으므로, 운전자 자신의 가족과 아이를 잃는 사람도 많았다. 그것만으로 사고의 책임을 「제조회사의 설계 부실」이라 판단하여 소송하기는 어려웠으리라 추측된다.

이와 같은 교훈이 가정 내부에 있는 모든 물건에 대하여 생기지 말라는 법은 없는 것이 아닐까 생각된다.

왜냐하면 제조회사는 이와 같은 정보를 기초로 하여 제품의 개선이 이루어지고 있기 때문이다. 또한 「소비생활용 제품안전법[5]」에서는 중대한 사고의 경우 제조회사 뿐 아니라 경제산업청에 연락할 의무도 부여하고 있다.

③ 아울러 국가나 지방공공단체의 민원창구나 국민생활센터, 제품안전협회, 각 지방의 소비자생활센터 등에 이 사실을 보고하도록 한다.

제조회사에 연락하는 것만으로는, 그 정보가 제조회사 내부만의 대책으로 그쳐 버리게 된다. 공적기관에 생산품에 위험한 부분이 있다는 사실만이라도 통보된다면 그것이 전국 규모로 집계되어 국민전체의 사고예방에 이용되기도 하고 생산자에게 경고를 주게 될 수도 있다.

보호자가 모든 사고를 막을 수 있을까 | 3

유치원 사고에 관한 문헌을 살펴보면 「보육종사자를 교육시킴으로써 사고방지가 가능하게 되었다는 결과를 얻었다」는 것으로 나타나고 있으며, 또 도쿄도(東京

都)의 어떤 시의 조사에서도 「발생된 사고의 60%는 부모의 관심으로 막을 수 있다」는 결론이 내려지고 있다. 또 유아잡지의 조사에서도 90%가, 보육원 조사에서도 60%가, 결국 「보호자의 관심과 보살핌에 의해 막을 수 있다」는 결과가 나타나고 있다.

이와 같은 기존의 연구에서 보면, 영유아의 사고는 그 대다수가 「보호자가 한눈을 팔았을 때 일어났으며, 부모의 안전의식이 높았더라면 그러한 사고는 미연에 막을 수 있다」고 하는 생각이 널리 인정받고 있는 것으로 나타난다. 매우 유감스러운 일이지만, 지금도 사고의 책임을 사람에 의한 것이라 취급하고 있는 것을 알 수 있다.

구체적인 사고방지책에 관하여, 문헌에서는 한결같이 어린이에 관련된 직원과 교원의 안전의식 향상과 연수제도의 확립이라고 하는, 안전교육과 인재육성에 무게를 두고 있다. 또 한편에는 물건이나 환경조건의 변화에 적합한 안전대책 강구방안도 실려 있다. 그러나 그 내용들은 「위험한 장소에 어린이를 두지 말기」, 「어린이에게 위험한 것은 손에 닿지 않는 곳에 놓기」, 「어린이에게 위험한 물건은 정리하기」, 「어린이가 넘어져도 물에 빠지지 않도록 욕조의 물은 빼놓기」 등과 같이 보호자의 행동과 책임이 전제된 사항이 기재되어 있을 뿐이다. 다시 말해 이러한 환경에 대한 변화의 움직임도 그 행동은 보호자에게 맡겨져 있어 결국에는 보호자에게 책임이 돌아가도록 되어 있다.

이러한 상황이라면 어린이 사고의 대부분은 현재까지도 그 중대한 책임이 보호자에게 있다고 사회전체도, 보호자 자신도 인식해버리는 것이 무리는 아닐 것이다. 물건을 만드는 사람들은 자신들이 만든 물건으로 인해 사람이 상처를 입었다거나 사망했다 하더라도 대다수의 세상 사람들은 물론이거니와 피해를 입은 사람 자신도, 책임은 사용자나 보호자에게 있다고 생각하기 때문에 생산자 자신에게 책임이 있다고는 거의 생각하지 않는다. 따라서 생산에 관여하는 사람들에게 철저하게 안전대책이 강구되어진 제품을 공급받기 위해서라도, 소비자인 어린이 보호자는 사고가 있었던 것에 대해 비록 그것이 하찮은 것일지라도 반드시 신고해야만 할 것이다.

4 어린이 보호자가 생각하는 책임소재에 관한 의식조사

그렇다면 어린이 사고에 대한 실제 보호자의 의식은 어떠할까?

표 2-1 유효회답에 대한 대상아동의 성별과 연령

	1세	2세	3세	4세	5세	6세	7세	무 회답	합계
남	2 0.2%	90 10.1%	134 15.0%	156 17.5%	184 20.6%	192 21.5%	135 15.1%	0 0.0%	893 100%
여	3 0.4%	98 12.2%	109 13.6%	121 15.1%	176 21.9%	180 22.4%	115 14.3%	0 0.0%	802 100%
무 회답	0 0.0%	0 0.0%	1 2.6%	1 2.6%	1 2.6%	3 7.7%	2 5.1%	31 79.5%	39 100%
합계	5 0.3%	188 10.8%	244 14.1%	278 16.0%	361 20.8%	375 21.6%	252 14.5%	31 1.8%	1,734 100%

여기에서는 도쿄도의 유치원과 보육원에 어린이를 보내고 있는 보호자를 대상으로 한「영유아의 가정 내 사고에 대한 책임 소재에 관한 보호자의 의식조사」에서 실제 보호자의 의식을 살펴보았다. 이 조사는 유치원과 보육원에 협조를 얻어 보호자에게「현재 연령 대상 아동들에게 일어났던 여러 가지 사고의 경우 그 책임은 누구에게, 어느 정도 책임소재가 있다는 생각하는가」에 대해 평가한 것으로, 총 1,734개의 유효회답을 얻었다[6]. 유효회답의 대상아동 남녀 비율은 남자 893명, 여자 802명(성별불명은 제외), 대상연령은 2세부터 7세까지가 중심이 되어 있다(표 2-1).

1) 어린이 자신의 책임(그림 2-2)

예상했던 대로 연령별 평가의 평균은, 가장 높은 수치도 5단계 평가(그림 2-2의 아래 주 참조) 중 3.0 전후로 전반적으로 낮은 수치가 나왔으며, 대다수의 회답자들은 어린이에게는 책임이 있다고 생각하지 않는 것을 알 수 있었다. 어린이의 책임이 크다고 생각하는 경우는 모든 연령에서「의자와 테이블에 기어 올라갔다가 떨어짐」,「걸어가다가 방이나 복도의 기둥 모서리에 부딪힘」,「걷다가 테이블의 모서리에 머리를 부딪힘」,「실내에서 걸어가다가 넘어짐」이라고 하는 보행 중 부딪히고 넘어지는 사고가 많은 것으로 나타났다. 결국 스스로 행동하다가 일어난 사고에 대해서는 어린이의 책임이 크다고 생각하고 있었다. 그러나 이런 것들은 전부 환경조건에 따라 미연에 막을 수 있는 사고들이다. 그런데 많은 사람들은 이러한 사실에는 주목하지 않는다는 것을 알 수 있다.

6) 八藤後猛, 野村歡, 田中賢「영유아의 가정 내 사고에 대한 책임소재에 관한 보호자 의식조사」, 일본건축학회 계획계논문집, No.573, p.57-62, 2003년 11월

그림 2-2 사고가 어린이 자신의 책임이라 생각하는 평가평균치(연령별)

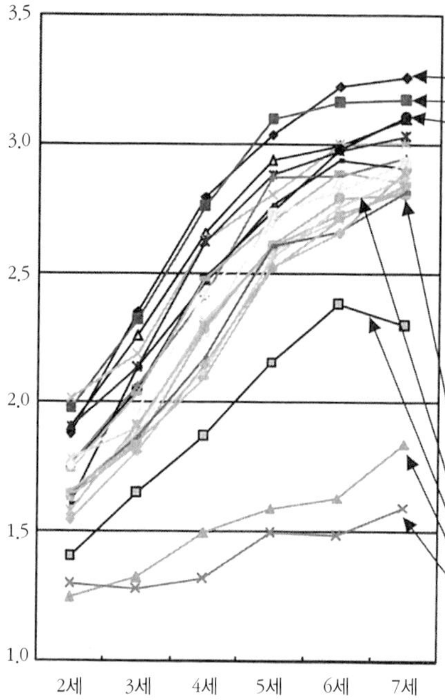

사고의 내용 ＼ 전 연령 구성	2세	3세	4세	5세	6세	7세	전체
a2 의자나 상에 기어 올라가 떨어짐	1.88	2.35	2.80	3.04	3.23	3.26	2.84
c2 걷다가 방이나 복도의 기둥모서리에 부딪힘	1.98	2.32	2.76	3.10	3.16	3.18	2.83
c1 걷다가 테이블 모서리에 머리를 부딪힘	1.91	2.26	2.66	2.94	2.99	3.10	2.71
b1 실내에서 걸어가다가 넘어짐	2.02	2.19	2.63	2.81	3.00	3.01	2.67
e1 문을 혼자서 조작하다가 손이 끼임	1.91	2.14	2.62	2.89	2.98	3.03	2.66
a7 혼자서 계단을 오르내리다가 굴러떨어짐	1.75	2.05	2.49	2.74	2.98	3.11	2.60
f2 가스레인지의 손잡이나 스위치를 조작함	1.76	2.07	2.41	2.88	2.88	2.95	2.56
a1 의자에 앉혀놓았다가, 의자에서 떨어짐	1.61	2.14	2.46	2.77	2.94	2.91	2.55
d3 장 위에 놓여 있는 물건을 끄집어 냄	1.74	2.04	2.48	2.71	2.90	2.85	2.52
d2 상 위에 놓인 물건을 끄집어냄, 떨어뜨림	1.76	1.97	2.42	2.69	2.85	2.88	2.50
f1 난방기구를 만져서 화상 입음	1.65	1.88	2.27	2.73	2.82	2.93	2.46
a8 계단 부근까지 혼자가서 최상단에서 떨어짐	1.64	1.89	2.29	2.57	2.80	2.89	2.41
d1 수납상자를 능숙하게 열어 물건을 꺼냄	1.78	1.90	2.32	2.59	2.71	2.84	2.41
b2 욕실 바닥에서 넘어짐	1.58	1.91	2.30	2.61	2.73	2.82	2.40
g1 욕실에 들어가 욕조를 들여다보다가 떨어짐	1.63	1.84	2.29	2.61	2.79	2.81	2.40
a6 창이나 난간을 넘다가 떨어짐	1.64	1.88	2.12	2.56	2.76	2.88	2.37
h1 콘센트에 손가락이나 물건을 넣어 감전됨	1.65	1.87	2.17	2.61	2.66	2.82	2.36
a5 베란다의 난간을 넘다가 떨어짐	1.66	1.85	2.10	2.52	2.71	2.85	2.34
a3 세탁기를 들여다보다 머리부터 세탁조 안으로 떨어짐	1.55	1.81	2.15	2.52	2.66	2.90	2.33
g2 어른과 같이 입욕시, 욕조 안에 빠짐	1.40	1.65	1.87	2.16	2.38	2.30	2.02
a4 침대에 눕혀놓았다가 침대에서 떨어짐	1.25	1.33	1.50	1.59	1.63	1.84	1.55
i1 자고 있다가 자세가 바뀌어 질식됨	1.30	1.28	1.32	1.50	1.49	1.60	1.43

그래프 왼쪽 수치는, 책임이 큰 것을 최대 5로 하고, 책임이 적다고 생각되는 것을 1로 한 경우의 회답수.

자료 : 八藤後猛, 野村歡, 田中賢「영유아의 가정 내 사고에 대한 책임소재에 관한 보호자 의식조사」, 일본건축학회, No.573, p.57-62, 2003년 11월

또한 연령에 따라 어린이의 책임에는 큰 차이가 있었다. 테이블 위로 기어 올라가 떨어짐과 보행 중 부딪힘과 넘어짐, 문 조작, 계단에서 넘어짐 등의 행동 등은 연령이 높아질수록 어린이 자신에게 책임이 있다고 생각하는 경향이 높았다.

또 다른 분석에서는 기어 올라가 떨어지는 사고, 설비 등의 기계조작으로 일어나는 사고에 대해서는, 회답자의 자녀가 계단에서 오르내리다가 떨어지는 사고경험의 유무에 따라 판단이 달라지는 것으로 나타났다. 이것은 계단에서 떨어졌다고 대답하는 회답자의 경우, 인상에 남는 큰 사건을 경험했다든지, 대상 어린이의 연령이 높아질수록 회답자도 보육과 안전에 대한 경험과 정보량이 증가하게 되어, 어린이 자신의 책임뿐만 아니라 그 외의 원인이 있어 발생한 것이라고 하는 인식이 점차 생겨났기 때문이 아닐까 생각된다.

2) 부모나 보호자의 책임(그림 2-3)

보행하다 넘어지거나 부딪히게 되는 사고를 제외하고는, 대부분 부모나 보호자

의 책임이 크다고 회답자 자신이 생각하고 있었다. 전 연령의 평균에서는 「베란다 난간을 넘다가 떨어짐」, 「욕실에 들어가서 욕조를 들여다보다가 떨어짐」의 경우가 가장 많았고, 다음으로는 「어른과 함께 목욕하다가 욕조 안에 빠짐」, 「난방기구를 만져서 화상을 입음」, 「창문이나 창문 난간을 넘다가 떨어짐」이 많았다. 베란다 난간을 타고 넘어가는 것과 욕실의 욕조 안에서 사고, 주택설비, 기구 등에서의 사고가 많다는 것을 알 수 있다. 이러한 사고는 바로 설치되어져 있는 시설의 설계 · 시공의 문제와 기구 등의 안전대책에 대한 문제로 귀결되어질 수 있다.

예상대로 사고내용을 막론하고 부모와 보호자의 책임이라는 평가치가 높았고, 5단계 중에서는 대부분이 4.0 이하인 것으로 나타났다. 또 이러한 경향은 어린이의 연령이 높아지더라도 책임에 대한 평가는 낮아지지 않는 것이 특징으로 나타났다.

특히 난간을 넘어가다가 떨어지는 경우 그리고 욕실 안에서 넘어지거나 빠지게 되는 등과 같이 중대사고로 이어지게 되는 경우는 「부모나 보호자의 책임」이 큰 것으로 평가되고 있었다. 또 설비와 가전제품에 대한 사고에 대해서도 보호자의

그림 2-3 사고가 부모와 보호자의 책임이라고 생각하는 평가평균치(연령별)

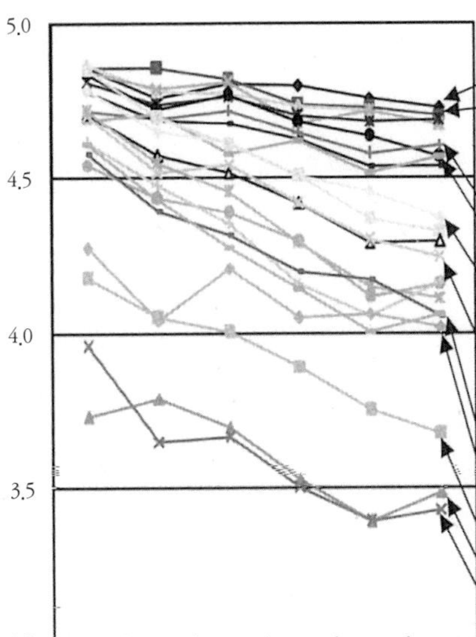

사고의 내용 \ 전 연령 구성	2세	3세	4세	5세	6세	7세	전체
a5 베란다의 난간을 넘다가 떨어짐	4.86	4.76	4.81	4.80	4.76	4.73	4.78
g1 욕실에 들어가 욕조를 들여다보다가 떨어짐	4.86	4.86	4.82	4.74	4.76	4.71	4.78
g2 어른과 같이 입욕시, 욕조 안에 빠짐	4.87	4.78	4.78	4.73	4.72	4.67	4.75
f1 난방기구를 만져서 화상 입음	4.85	4.79	4.81	4.68	4.72	4.67	4.74
a6 창이나 난간을 넘다가 떨어짐	4.81	4.74	4.77	4.70	4.69	4.69	4.73
a3 세탁기를 들여다보다, 머리부터 세탁조 안으로 떨어짐	4.84	4.72	4.77	4.68	4.57	4.57	4.69
f2 가스레인지의 손잡이나 스위치를 조작함	4.72	4.69	4.72	4.65	4.61	4.61	4.65
a1 콘센트에 손가락이나 물건을 넣어 감전됨	4.78	4.69	4.68	4.63	4.54	4.54	4.63
d1 수납상자를 능숙하게 열어 물건을 꺼냄	4.69	4.71	4.58	4.62	4.52	4.57	4.61
d2 상 위에 놓인 물건을 끄집어냄, 떨어뜨림	4.79	4.65	4.62	4.51	4.46	4.38	4.55
a8 계단 부근까지 혼자가서 최상단에서 떨어짐	4.85	4.70	4.61	4.51	4.37	4.33	4.54
d3 장 위에 놓여 있는 물건을 끄집어 냄	4.71	4.58	4.52	4.42	4.29	4.30	4.45
a4 침대에 눕혀놓았다가 침대에서 떨어짐	4.70	4.52	4.55	4.42	4.30	4.25	4.44
a7 혼자서 계단을 오르내리다가 굴러떨어짐	4.71	4.55	4.46	4.29	4.15	4.12	4.35
e1 문을 혼자서 조작하다가 손이 끼임	4.56	4.44	4.39	4.30	4.15	4.16	4.30
a2 의자나 상에 기어 올라가 떨어짐	4.62	4.48	4.35	4.16	4.06	4.17	4.27
b2 욕실 바닥에서 넘어짐	4.58	4.39	4.32	4.20	4.18	4.06	4.26
a1 의자에 앉혀놓았다가, 의자에서 떨어짐	4.61	4.43	4.28	4.14	4.01	4.07	4.22
i1 자고 있다가 자세가 바뀌어 질식됨	4.28	4.05	4.21	4.05	4.07	4.02	4.10
c1 걷다가 테이블 모서리에 머리를 부딪힘	4.18	4.05	4.01	3.90	3.75	3.68	3.91
b1 실내에서 걸어가다가 넘어짐	4.73	3.79	3.70	3.53	3.40	3.49	3.59
c2 걷다가 방이나 복도의 기둥모서리에 부딪힘	4.96	3.66	3.51	3.51	3.40	3.44	3.58

그래프 왼쪽 수치는, 책임이 큰 것을 최대 5로 하고, 책임이 적다고 생각되는 것을 1로 한 경우의 회답수.

자료 : 八藤後猛, 野村歡, 田中賢 「영유아의 가정 내 사고에 대한 책임소재에 관한 보호자 의식조사」, 일본건축학회, No.573, p.57-62, 2003년 11월

책임이 크다고 하는 경향이 있었다.

하지만 위에서 알 수 있듯이 이와 같은 사고는, 주거환경이나 대상시설물이 사고에 대비되어 있었더라면 일어나지 않았을 사고이다. 역시 이 정도의 사고는 부모와 보호자의 책임이 크다고 생각해버리는 것이 현 상황이니, 사고가 일어나더라도 직접 제조회사나 설계자에게 항의하지 않는 것은 너무도 당연한 일일 것이다.

이것도 다른 분석에서는 회답자의 어린이가 계단을 오르내리다가 떨어졌다, 창문 난간을 넘다가 떨어졌다, 콘센트에 손가락이나 물건을 넣어 감전 당했다고 하는 사고경험의 유무가, 그 이외의 가정 내에서의 사고책임에 대한 회답에도 영향을, 회답자의 안전의식에도 변혁을 초래할 정도의 주요 요인으로 작용하고 있는 것으로 나타났다.

결국 사고에 대한 경험이 있는 회답자의 경우에는 사고책임이 보호자에게 있는 것만은 아니라고 생각하는 결과를 보이고 있었다. 이러한 회답자는 자신이 경험했던 사고를 돌이켜보면, 자기 자신의 책임이 크다고 생각하기도 하지만, 한편으로는 자신으로서도 어쩔 수 없었다는 것을 절실하게 느낌으로써, 어린이 사고에 대한 책임소재를 부모나 보호자만의 탓이라고 돌리는 것은 아무래도 무리가 있다는 것을 절감하게 된 것이라 생각된다.

3) 종합

가정 내에서 발생되는 사고의 경우, 사고의 대부분은 대상물과 그것이 설치되어 있는 주변 환경에 책임이 있다고 인식하는 경우는 적은 것 같다. 그리고 이와 같은 소비자의 의식을 단절, 변화시키지 않는다면 우리들은 안전한 환경에 아이를 둘 수 없게 된다. 이런 생각들이 사고가 발생했을 때 대상물이나 설치방법(설계방법)에 대한 책임한계를 애매하게 만들고, 제조회사나 설계자에게 정보가 전달되는 것을 어렵게 만들고 있다는 것을, 이러한 연구조사의 결과에서 쉽게 예측할 수 있다.

더욱이 이러한 책임소재에 대해서는 「어린이의 행동을 제한하는 경향이 강한」 보육법을 채택하고 있는 회답자들이 보호자 자신 또는 물품자체에 제조책임이 있다고 느끼는 경향이 있으며, 총체적인 안전 의식은 전반적으로 높다는 것을 알 수 있다. 앞으로는 소비자뿐만 아니라, 건축이나 설비 등의 설계에 관계하는 사람들도, 실제로 소비자가 문제를 제기하는 것은 매우 어렵다는 것을 인지하고 독자적으로 안전대책을 강화해가는 의식이 필요하다 하겠다.

칼럼 2

록본기 힐즈의 회전문 사고와 책임 소재

2004년 3월 26일, 6세 남자아이가 회전문에 진입하다가 머리가 문에 끼어 사망한 사고는 아직도 기억이 생생하다. 그런데 사고 이틀 뒤 신문에서는, 이미 같은 종류의 회전문에서 몇 번의 사고가 발생했다는 것을 알고 있으면서도 그것을 그대로 방치했던 관리자에게 책임을 물었다는 보도가 나왔다. 이러한 배경이 있었기에 매스컴보도에서도, 이런 유형의 사고로서는 매우 드물게 설치자의 관리책임과 제조회사의 제조물 책임을 물었던 사건이었다. 그리고 이 사고에 대해서는 일관되게 어린이와 보호자의 책임을 묻는 듯한 보도가 없었다는 것이 필자의 마음을 가볍게 만들었다.

그러나 사고 이틀 후, 아직 사고에 대한 기억이 생생하게 남아있는 현장에서, 필자는 지나가는 사람들의 대화를 들을 수 있었다. 「아이들이란 무슨 행동을 할지 알 수 없기 때문에 겁이 나네요」라는 말이었다. 와이드 쇼에서 마지막 멘트로 「여러분, 어린이에게 주의를 기울여 주세요」라는 말로 마무리를 하는 것처럼, 아직도 많은 시민들의 의식 속에는 보호자의 책임을 묻는 듯한 인식이 뿌리 깊이 박혀있다는 사실을 다시 한번 느끼게 해 주었다.

생산자나 설계자들도 사고를 예방하고 싶긴 하지만 | 5

생산자나 설계자는 정말로 확실한 물건을 소비자에게 제공하고 싶으며, 완벽한 상품을 만들어 공급하고자 하는 욕구가 강할 것이다. 이러한 사람들과 만나 대화를 해보면 「자신들이 만든 제품에 문제가 없는지 불안하다」면서 궁금해한다. 결국 소비자의 항의는 자신들이 만든 제품을 보다 좋게 개선시키기 위한 매우 유용한 정보가 된다고 제품을 생산하는 사람들은 생각하고 있다. 그런데 사고가 발생되었다 하더라도, 소비자가 사고의 책임이 자기 자신에게 있다고 판단하고 처리해 버리기 때문에, 모처럼 표출된 사고의 원인이 되는 정보가 생산자에게 전달되지 못하게 되며, 실제로 이것을 알고 싶어하는 제품 생산자도 정보를 얻지 못하는 상황이 벌어지게 된다.

문제제기를 하지 않는다면, 공학적 개선에 피드백 작업이 불가능하게 되어, 같은 사고가 반복되어 일어나게 된다. 결국에는 하인리히 법칙을 거론할 필요도 없이 언제든지 중대한 사고가 일어날 가능성이 높아지게 되는 것이다.

6 | 마무리 - 보호자의 책임과 제품 생산자의 책임 -

이상에서 살펴본 바와 같이, 단순히 이론적으로 말하는 안전에 대한 시민 계발만으로 어린이 사고가 결코 줄어들지는 않는다. 본 장에서는 안전을 언제나 보호자에게만 맡겨놓을 것이 아니라, 생산에 관여하는 모든 사람들이 어떠한 상황하에서 사용하더라도 결코 중대사고로 이어지는 일이 없도록 하는 강한 책임감을 갖고 제품을 만들어가는 것이 바람직하다고 언급하였다. 그리고 그를 위해서는 보호자 스스로가 사고에 노출되는 환경과 경미한 사고경험을 자신만의 것으로 하지 말고「사회적 자산」으로서 정보를 제공하여야만 한다는 점도 강조하였다. 이 같은 작업은 광범위하게는 다른 사람들의 자녀에게 일어날 중대사고를 미연에 방지하기도 하며, 자기 자신도 안전한 환경에서 생활할 수 있는 세상을 만드는데 공헌하는 일이 되는 것이다.

다만 어린이의 안전을 보장하는데 있어 보호자의 관심과 보살핌이 전혀 필요하지 않다고 말하는 것은 아니다. 유감스러운 일이나 완전한 안전을 보장할 수 있는 제품생산 역시「시행착오가 있으며(잘못된 부분이 발생하며)」 인간이 만든 이상 100% 보장할 수 있는 것은 아니다. 또 안전 때문에 제품의 가격이 지나치게 높아지게 된다고 하는 이유로 기술력은 확립되었다 하더라도 실제로 제품에 적용하는 것이 보류되는 경우도 있다. 따라서 현실적으로는 안전한 제품의 생산, 환경 조성 뿐만아니라, 아무래도 보호자의 주의와 안전의식이 필요하다고 하겠다. 하드웨어(제품생산)와 소프트웨어(인간의 관여) 각각이 상호 보완되어야 비로소 사고예방이라는 목적에 다가설 수 있다는 사실을 잊어서는 안 될 것이다.

칼럼 3

제조물 책임법(PL법), 1994년

제조물 책임법이란 제품의 결함에 의한 생명, 신체 또는 재산에 손해를 입은 사실을 증명한 경우, 피해자는 제조회사 등에 대한 손해배상을 요구할 수 있는 법률이다. 「결함」이란, 제조물이 통상적으로 보유하고 있어야 하는 안전성이 누락되어 있는 경우를 말한다.

예를 들어, 표시나 취급설명서 속에 설계나 제조에 의해 완전하게 제거할 수 없는 위험에 대해, 그것에 의한 사고를 회피하기 위한 지시나 경고가 적절하게 표시되어 있는가도 고려대상이 된다. 최근, 제품의 취급설명서를 살펴보면 처음 몇 페이지에 걸쳐서 「주의 사항」, 「금기 사항」 등이 차례차례 명기되어 있다. 이것을 모두 읽는 사람은 적을 것이라 생각하지만 이러한 것이 제품에 첨부되는 이유는 이러한 법적근거가 있기 때문이다. 또 당연한 일이나 상식적으로는 생각할 수 없는 오사용(잘못된 사용)에 의해 사고가 발생하는 경우에는 제품 자체에는 결함이 없다고 판단내리기도 한다.

그러나 단순히 설명서에 쓰여 있는, 사용자의 판단으로 사용하도록 명기되어진 것만으로는 면책될 수 없다. 그 이유는 이 법률의 배경에는 전문지식도 부족하고, 약자인 소비자보호가 목적이 되어 있기 때문이다. 바꾸어 말하면, 물건을 만드는 사람의 입장에서는 매우 까다로운 법률이다.

이 법률을 근거로 한 손해배상을 받으려면, 피해자가, 1) 제조물에 결함이 존재한다는 것, 2) 손해가 발생했다는 것, 3) 손해가 제조물의 결함에 의해 생겨났다는 것의 3가지 사실을 밝히는 것이 원칙이다. 우리들은 이 법률의 취지에 따라, 소비자로서의 권리를 충분히 행사할 수 있을 것이다.

「소비자의 창」에서 일부 인용

제 3 장

사고를 미연에 방지하는 대처방안

1. 들어가는 말
2. 타고 넘어가는 행동에 의한 사고 방지
3. 물건 꺼내기와 조작에 의한 사고 방지
4. 넘어짐에 의한 사고 방지
5. 끼임 등에 의한 사고 방지

제3장

사고를 미연에 방지하는 대처방안

1 | 들어가는 말

사회경험이 적으며 신체기능 및 인지판단 능력이 미숙한 영유아의 가정 내에서 일어나는 대다수의 사고는, 건축이나 설비 등 물적환경에 대한 배려가 이루어진다면 대부분 막을 수 있는 것이다. 그러나 사고의 원인을 보호자나 어린이 자신에게 있다고 간주해버리고 만다면 어린이에게 일어나는 사고를 단숨에 없앨 수는 없을 것이다(제 2장 참고).

본 장에서는 이와 같은 주택 내부에서 일어나는 사고를 미연에 방지하기 위하여 단순히 보호자에게 주의를 환기시키는 것만 아니라, 사고 그 자체가 일어나지 않는 환경을 만들기 위한 대책에 대해 설명하기로 한다.

여기에서 언급하고 있는 사고에 대한 대책들은, 누구에게나 일상 속에서 일어날 수 있는 중대사고에 관한 사항들로, 아주 특별한 사례이거나 일어날 수 없는 경우에 관해 다루는 것은 아니다. 어느 누구도 일어나리라 예상치 않았으나 실제로 일어나고 있고 또한 중대사고로 이어지고 있는 경우이다.

이러한 작은 「사건」은, 사실은 부모들 사이에서는 일상적으로, 때로는 우스게 소리로 자주 거론되고 있는 내용들이다. 이와 같이 어린이나 부모가 예기치 못하는 일상을 묘사한 간행물의 내용을 살펴보면, 한 가지가 어긋나게 되면 큰 사고로 이어지는 경우가 매일 계속되고 있다는 사실에 더욱 놀라게 된다[1]. 어린이에게 일어나는 중대한 사고는 결코 남의 일이 아니다. 따라서 사고가 일어나지 않는 환경

---

1) 부모와 자녀의 일상생활을 일러스트로 만들어 화제가 된 플로그를 단행본으로 만든 마츠모토 씨의 「우리집 세자매」에서는, 어린이가 가정 내에서 행하는 여러 가지 행동을 흥미있게 묘사하고 있다. 어린이가 있는 가정에서는 지극히 일상적으로 볼 수 있는 행동이 중대사고로 이어지는 일촉즉발의 사건을 모아놓은 것으로 사고에 대해 다시금 깨닫게 하는 이야기이다.

을 적극적으로 만들어 가는 것이 매우 중요하다.

타고 넘어가는 행동에 의한 사고 방지 | 2

다수의 사고에 대한 구체적인 정보와 사고에 대한 보도 등에 따르면, 난간과 난간턱의 형태에 대해 단편적이긴 하나 문제점이 지적되고 있다. 베란다나 창문틀 안쪽 공간에 물건이나 설비시설 등이 놓여 있거나, 손이나 발이 걸리기 쉬운 형태이거나, 디자인이 되어 있지만 안전상 바람직하지 못하다고 생각되는 상황이라면 어린이는 그러한 난간을 쉽게 타고 넘어갈 수 있다.

추락사고의 일례를 들어보기로 하자. 한 어머니가 집밖에서 난간 안쪽에 있는 아이를 올려다보면서 손을 흔들었는데, 이것에 대응하려 했던 아이가 난간을 타고 넘어가 추락하는 사고가 발생했다. 즉 평상시에는 결코 난간을 타고 넘으려는 행동을 하지 않던 아이라 하더라도, 특수한 상황에 놓이게 되면, 판단력이 충분히 성숙되지 못한 영유아의 경우에는 이처럼 생각하지도 못했던 행동을 하게된다는 사실을 우리에게 알려주는 좋은 예이다.

이 장에서는 가능하다면 이와 같은 어린이들의 예기치 못한 행동에도 대응할 수 있는 생활환경 조성을 목표로 삼고자 한다.

1) 난간을 넘는 행동에 의한 추락사고의 배경

건축물에서 일어나는 영유아의 사고 중 가장 눈에 뜨이는 것은 베란다 난간이나 창에 있는 난간에서 떨어지거나 추락하는 것이다. 사고에 대한 자세한 보도내용을 살펴보면 지금까지 막연하게 생각했던 주택 안에서의 사고 양상이 생생하게 전달되어 온다.

〈예 1〉 TV를 받침대로 하여 딛고(주: 칼럼 1 참조) 창에 있는 난간에 올라 넘어가 추락(1996년 5월, 3세 아동, 5층에서 추락, 중상)

〈예 2〉 고층아파트 복도에서 고령자를 배려한 난간(높이 85cm)에 발을 딛고 추락(2002년 4월, 7세 아동, 10층에서 추락, 사망)

이와 같이 창틀이나 난간 자체에 발을 딛고 난간을 올라 넘어가 추락한다고 하는 사실에서, 추락에 이르기 전 단계에 「발 디딤턱」이 되는 매체가 존재하고 그 디딤턱에 올라갔기 때문에 난간을 넘게되어 추락이 일어나게 되었다는 것을 알 수

칼럼 1

발 디딤턱이란

발을 걸쳐서 딛고 그 위에 올라가는 것이 가능한, 무엇인가를 붙잡고 게다가 그 위에 올라서는 것이 가능한 일반적으로 그림과 같은 부분을 칭한다.

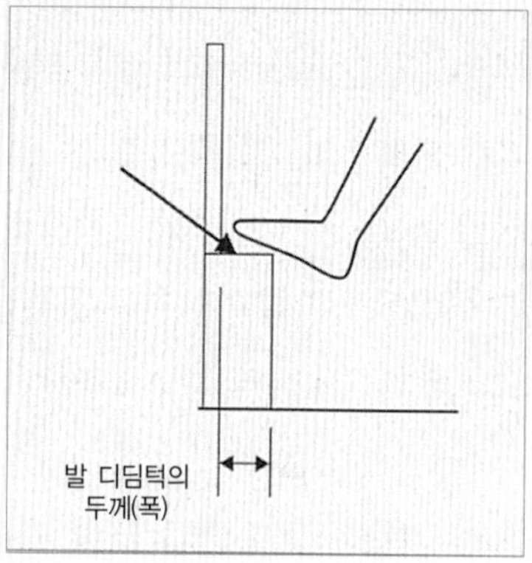

있다. 즉 바닥에서 바로 난간을 타고 올라 넘어간다고 하는 일은 오히려 드문 일인 것 같다.

도쿄 소방청에 의한 「가정 내에서 일어나는 불의의 구급사고」에 따르면, 1~15세까지의 어린이들은 각 연령 모두에서 추락에 의한 운송률이 다른 상해 형태와 비교할 때 높게 나타나고 있으며, 특히 4~6세, 7~15세에서는 전 연령평균의 2배 정도에 이르고 있는 것으로 보고되고 있다. 통계만으로 그 이상의 것은 알 수 없지만 대부분의 사고는 베란다의 난간 또는 창의 난간에서의 추락이라고 생각되며, 사고의 원인으로는 영유아가 그곳에 기어 올라가기 때문인 것으로 생각된다.

가정 내부에서 일어나는 사고 가운데 영유아의 사망률이 높은 「추락사고」(칼럼 2 참조)를 방지하기 위해서는, 아이에게 눈을 떼지 말라는 교과서적인 캠페인만으로는 효과를 얻을 수 없다. 그러나 적절한 생활환경을 만들어내는 과정을 통해, 이와 같이 사망사고로 이어지는 추락사고는 막을 수 있을 것이다.

칼럼 2

떨어짐, 즉 전락(轉落)과 추락(墜落)의 차이

둘 다 같은 것이라고 생각하기 쉬우나, 명확하게 구분해 사용되고 있다. 이 책에서도 이 정의에 따르도록 한다.

「전락」이란 고저차가 있는 어떤 장소에서, 지표면 또는 정지위치까지 경사로 등에 접촉되면서 굴러 떨어져 부상을 입은 경우를 말한다.

「추락」이란 높은 장소에서 지표면 또는 정지위치까지 낙하하여 부상을 입는 경우를 뜻한다. 따라서 「추락사고」란 베란다나 옥상 등에서 떨어지는 사고를 칭하는 것으로, 계단이나 경사로 등에서 굴러 떨어지는 「전락사고」와는 구별된다.

2) 난간에 관한 법률과 기준

현재 「건축기준법」과 「주택 품질확보의 촉진 등에 관한 법률(이하 「품확법」이라 칭함)」에서는 난간의 안전성을 확보하기 위한 규정(그림 3-1 및 표 3-1)이 마련되어 있다.

높이나 형태에 관한 규정에서는, 성인을 포함한 많은 사람의 운동능력 및 무게중심을 상회하도록 규격이 설정되어 있다. 그러나 영유아의 추락사고 사례를 살

그림 3-1 난간의 설치기준

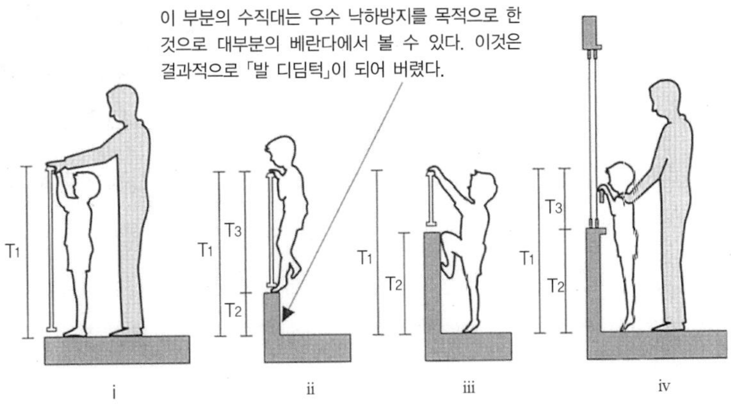

T1: 바닥면에서의 높이 T2: 난간벽의 높이 T3: 난간벽에서의 높이

표 3-1 난간에 관한 현행법령

관계법령	장소	조건	설치기준
건축기본법 시행령 제126조	옥상광장 및 2층 이상에 설치되는 베란다 외에 그와 유사한 종류		T1 : 1,100mm 이상
공영주택 건설기준 제36조	옥상 이외		T1 : 1,100mm 이상 T3 : 850mm 이상
	옥상		T1 : 1,800mm 이상
주택의 품질확보 촉진 등에 관한 법률(2~5등급)	① 베란다	T2 : 650mm 이상 1,100mm 미만 T2 : 300mm 이상 650mm 미만 T2 : 300mm 미만	T1 : 1,100mm 이상 T3 : 850mm 이상
	② 2층 이상의 창	T2 : 650mm 이상 750mm 미만(3층 이상의 창) T2 : 650mm 이상 800mm 미만 T2 : 300mm 이상 650mm 미만 T2 : 300mm 미만	T1 : 1,800mm 이상 T1 : 1,100mm 이상 T3 : 800mm 이상 T1 : 1,100mm 이상
상동 공용부분(5등급)*	① 공용 복도	T2 : 650mm 이상 1,100mm 미만 T2 : 650mm 미만	T1 : 1,100mm 이상 T3 : 1,100mm 이상

*주) 우량주택부품확정 기준(재단법인 better living) 추락방지난간 BLS SR:2002년도 같음.
수치의 의미 T1:성인의 추락방지에 요구되는 높이 / 보통 1,100mm이상으로 한다.
T2:유아가 발을 딛어 기어오를 최고의 높이 / 보통 650mm으로 한다.
(보통 이 이상은 오를 수 없다고 생각함)
T3:유아의 추락을 방지하기에 충분한 높이 / 보통 : 800~850mm로 한다.
(유아의 무게중심 위치에서 추정한 것이라 생각됨)

펴보면, 일반적으로 상정하고 있는 아동의 운동능력을 넘어선 상황이나 방법으로 난간을 넘어 추락에 이른다는 사실을 발견할 수 있다.

상기와 같은 기준에서 다음과 같은 사실을 알 수 있다.

① 건축기준법을 비롯한 각종 기준에서는, 난간의 절대높이를 1,100mm로 하고 있다.

이 법률이 제정될 당시 그 근거에 대해서 확실하게 알지 못했다(칼럼 3 참조). 단 성인남자(신장 170cm 정도)가 일반적으로 난간 밖을 내다보다가 추락하는 일은 거의 없다. 그러나 실제로는 뒤에서 민다거나 하는 일이 발생한다면 조금 위험하다는 느낌도 있다. 그래서 대규모 상업시설의 경우에는, 난간의 높이를 자체기준으로 1,200mm로 정해놓는 경우도 있다.

② 이 중 법적구속력이 있는 것은 건축기준법뿐이지만, 그 대상마저도 「옥상광장 또는 2층 이상에 설치되는 베란다 외에 그와 유사한 종류」로 상당히 제한되어 있다.

그 때문에 계단이나 창에 설치되어 있는 추락방지를 위한 난간 그리고 실내에 있는 난간높이는 1,100mm로 해야 하는 규정이 적용되지 못하였다. 그뿐만 아니라, 난간 자체가 없더라도 법률위반은 되지 않는다. 또 베란다 난간에 대해서도 규정되어 있는 것은 높이뿐이어서, 아이가 발을 딛기 쉬운 형태로 난간이 만들어져 있더라도 아무런 규제도 받지 못하는 실정이다.

③ 건축기준법 이외에 나타난 「발 디딤턱」에 대한 취급

이것들은 모두 강제력이 없는 것이지만, 품확법에서는 「발 디딤턱」에 대해 다루고 있다. 공통적으로 나타나는 내용은 발 디딤턱이 있는 경우는 「그 높이가 650mm 이상이라면 발을 디딜 수 없다」고 상정하고 있다는 점이다. 따라서 발 디딤턱의 높이가 650mm 이상이라면 난간자체의 높이는 1,100mm 정도면 충분하다. 그리고 「발 디딤턱의 높이가 300mm 미만인 경우, 발을 디뎠더라도 난간높이가 1,100mm 정도라면 상단까지는 아직 800mm 높이가 남아있기 때문에 그 정도는 괜찮다」고 간주한다. 그 외에 발 디딤턱이 300mm 이상~650mm 미만이라면, 디딤턱을 기준으로 하여 위쪽으로 800mm를 난간의 상단으로 정한다. 또 공영주택건설기준에서는, 디딤턱 위 850mm로 난간상단 높이로 하고 있다.

이것은 일반 주택이나 건축물에서는 강제력을 갖지 못하기 때문에, 실제 주택의 발코니 난간을 살펴보면 발 디딤이 있는 경우라도 난간의 높이는 1,100mm 정도를 그대로 유지하는 경우가 대부분이다.

칼럼 3

난간의 절대높이가 1,100mm인 것에 대한 타당성

실제 건축물에 설치되어 있는 난간을 이용하여, 「창 난간의 높이, 형태와 사람이 기대는 행동과의 대응관계에 관한 실험연구」를 시행하였다. 여기에서는 난간의 높이, 난간의 타입, 바닥 마감, 난간에서 후방 벽면까지의 거리를 바꿔가며, 피험자인 대학생에게 ① 전락방지기능이 있다고 생각하는지, ② 실제 떨어질 위험이 있다고 생각하는지를 판단하게 하였다. 그 결과, 난간의 설치조건을 바꾸는 것에 따라, ①과 ②에 대해 사람에 따라 판단하는 높이에 45mm 정도의 차가 생겼다는 것이 지적되었다. 이러한 결과를 근거로 볼 때, 신장이 180cm인 경우라도 신장에 따른 물리적 개인차를 고려한 후 판단한, 필요로 하는 난간의 높이는 1,100mm 범위 내가 되어, 현행법규에서 규정하고 있는 난간의 높이 1,100mm가 타당한 것임을 보여주고 있다.

[참고문헌] 田村雄大 · 川村かお里 · 直井英雄, 「창문난간의 높이, 형태와 사람이 기대는 행동과의 상응관계에 관한 실험연구」 「日本 건축학회대회학술강연집」, pp.741~742, 1999.

3) 타고 넘어가는 행동에 의한 추락방지

① 난간의 절대높이

난간의 절대높이 그 자체는, 건축기준법, 그 외의 법률, 규정에 의해 정해진데로 1,100mm 라면 충분할 것이다. 다만, 건축기준법에는 규정되어 있지 않더라도, 난간이 필요한 모든 건축물에서 이 조건을 만족시킬 필요가 있다. 이 기준은 아동에게는 충분히 안전한 높이이지만, 신장 170cm 이상인 성인에게는 불안감이 느껴지는 높이일 수도 있을 것이다. 따라서 가능하다면 난간높이를 1,150~1,200mm 정도로 하는 것이 바람직하다. 특히 3층 이상의 베란다에 설치되는 난간은 성인이라도 추락하게 되면 중대사고로 이어질 수 있으므로 1,200mm 정도를 표준으로 하는 것이 바람직하다.

② 발 디딤턱

발 디딤턱이 난간을 넘는 원인이 된다는 것은 이미 앞에서 언급하였다.

그러나 베란다에는 안으로 들이치는 비가 직접 베란다로 흘러들지 않도록(그림 3-1 참조) 수직대를 설치하는 경우가 많다. 또 외관 디자인상 필요한 경우도 있다.

혹시 발 디딤턱을 설치할 수밖에 없는 상황이라면, 가능한 한 발이 디뎌지는 폭을 좁게 하여 아동이 발을 디딜 수 없도록 한다. 다만, 발을 딛는 디딤턱의 두께가 10mm 정도만 되어도 5세 이상이라면 대다수의 아동이 발을 디딜 수 있으며, 폭이 50mm 나 된다면 저지효과는 전혀 없다.

발 디딤턱의 높이에 대해서는, 5세 이상의 아동이라면 대부분 600~700mm 정도까지 올라갈 수 있으며, 그 높이가 더욱 높아진다 하더라도 올라갈 가능성이 있다.

칼럼 4

베란다 난간에서 일어나는 성인의 추락사고

술에 취한 성인(중고등학생 포함)이 베란다에서 추락하는 사고가 종종 보도된다. 자세한 상황은 알 수 없지만, 필자의 추측으로는 속이 불편하여 바깥 공기를 쐬기 위해 베란다로 나온 후, 구토하려고 난간에서 머리를 내밀었다고 생각된다. 그 때 머리를 내미는 것만으로는 구토물이 자신의 얼굴과 몸에 묻게되므로, 최대한 머리를 몸에서 멀리 떨어뜨리면서 아래를 향하도록 몸을 쑥 내밀다가 실수로 추락하게 되는 것이라 추측된다. 그렇다면 현행법에서 정하고 있는 난간높이 1,100mm 정도는 아주 쉽게 상체를 앞으로 쑥 내미는 것이 가능한 높이라는 결과가 나온다.

따라서 발 디딤턱이 있는 경우에는, 디딤턱의 높이에 관계없이 발 디딤턱이 되는 면을 기준으로 하여, 품확법에서 기준으로 정하고 있는 난간의 높이기준 800mm 이상을 지키거나 가능하면 900mm 이상으로 설치하는 것이 좋겠다.

필자의 실험에서 보면, 발 디딤턱이 있는 난간의 경우, 발을 딛고 올라간 상태에서 900mm 정도의 높이가 확보되지 못한다면 아이들은 이것을 넘어버릴 가능성이 충분히 있다. 현행법에 이러한 규정은 없으나, 대다수의 사고는 발 디딤이 되는 턱에 올라감에 따라 상대적으로 낮아져버린 난간에서 추락하고 있는 것이라 생각되기 때문이다(그림 3-2).

그림 3-2 발 디딤턱과 절대높이의 관계

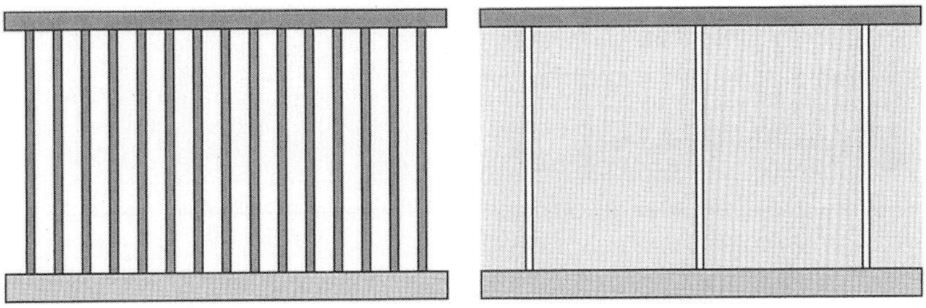

틈이 있는 난간 / 틈이 없는 난간

틈이 없는 난간의 경우, 발을 딛기 어렵다. 단, 틈이 없는 부분을 콘크리트나 불투명한 판넬 등 불투명한 것으로 만들게 되면 어린이는 난간 너머 밖을 보려고 무리하게 기어오르는 결과를 초래하게 되므로, 밖이 보이는 재료를 선택하는 것이 좋다.

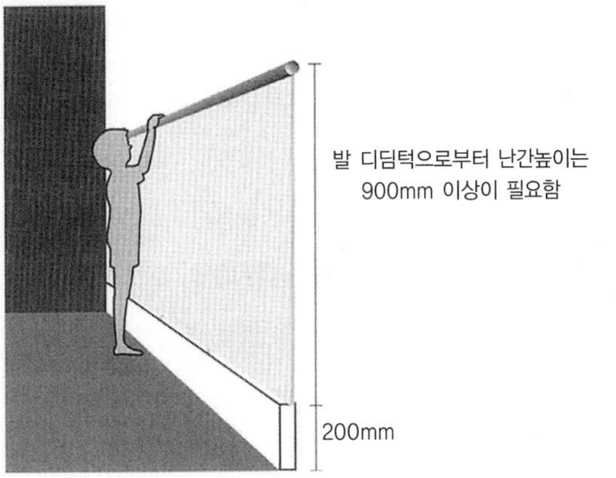

그림 3-3

난간의 디자인에 따라서는 난간 자체가 발 디딤턱이 되어 버리는 것도 있다. 이러한 디자인은 어린이에게 위험한 난간이라고 생각된다.
사진과 같은 난간의 경우, 난간살 부분을 덮어 감추는듯한 판넬을 붙여주는 것이 좋겠다.

그림 3-4

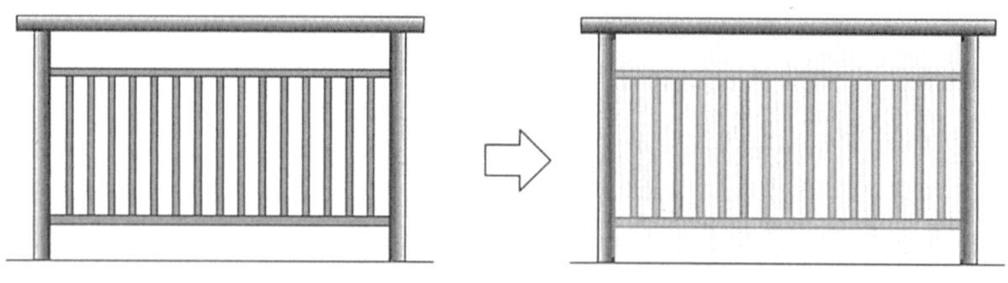

발 디딤턱이 되는 부분이 높은 난간, 난간살 사이가 넓은 난간에는 난간부분을 덮어 감추는듯한 판넬을 붙여주는 것이 좋다.

③ 난간에서부터의 이격거리와 높이

발 디딤턱이 없더라도 난간 앞쪽에 올라갈 수 있는 발판형태의 물건이 있다면, 그것을 딛고 기어 올라간 후 난간에 기대게 되는 상황이 만들어지게 된다. 그리고 그런 경우 쉽게 추락해버릴 가능성은 상당히 높아진다. 따라서 애초에 이러한 것을 난간 가까운 곳에 설치해서는 안된다. 그러나 실제로는 베란다 난간 앞에 화분, 헌 신문, 석유통, 쓰레기통 등 여러 가지 물건들이 놓여 있다. 또 이것만

그림 3-5

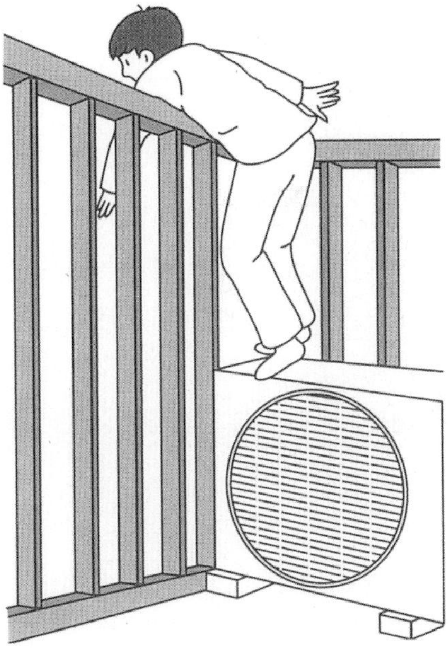

베란다에 물건을 놓아 두면 그것을 발 디딤턱으로 하여 올라가 난간 너머로 얼굴을 내밀고 내려다보게 되어 추락을 유발하게 된다.

이 아니라 에어컨 실외기가 설치되어 있는 경우도 흔히 볼 수 있다. 이와 같은 것들은, 예를 들어 높이가 900mm 정도되더라도, 4세 이상의 어린이는 올라갈 수 있다. 난간 가까이로 일단 올라가버리고, 어린이가 그곳에서 난간 앞으로 얼굴을 내밀게 된다면 매우 위험한 상황이 예상된다.

그림 3-6

에어컨 실외기를 베란다 천장이나 벽에 부착한 예

만약 이와 같은 것들을 실외에 놓아둘 필요가 있는 경우라면 다음과 같은 점에 주의하도록 한다.

(1) 에어컨 실외기 등은 베란다 바닥에 설치하지 말고 천장부근 등 높은 장소에 부착, 설치한다(그림 3-6). 설치비용이 약간 늘어나게 되지만 베란다 자체도 넓게 사용할 수 있다는 점에서 매력이 크다고 생각된다.

(2) 물건이 놓여있는 장소 근처에는, 난간의 높이를 높이도록 한다. 기어 올라갈 수 있는 부분(시설)의 바닥면에서부터 최저 800mm는 필요하다.

그림 3-7

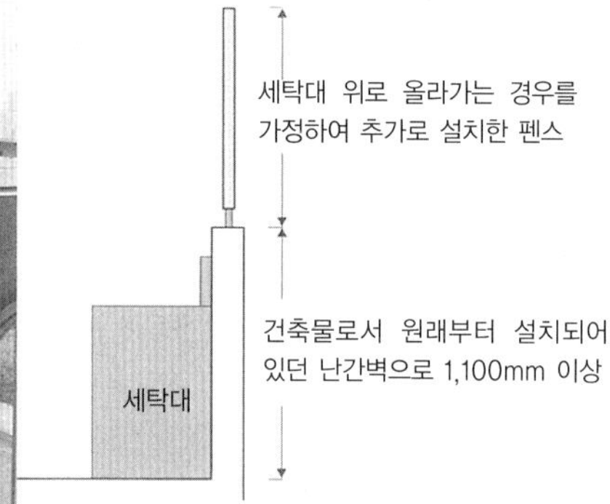

베란다에는 세탁기를 놓는 곳과 세탁대가 설치되어 있다. 그 부분은 그것을 발 디딤으로 사용할 우려가 있으므로 세탁대의 앞쪽에 펜스를 추가로 설치해 놓았다.

그림 3-8

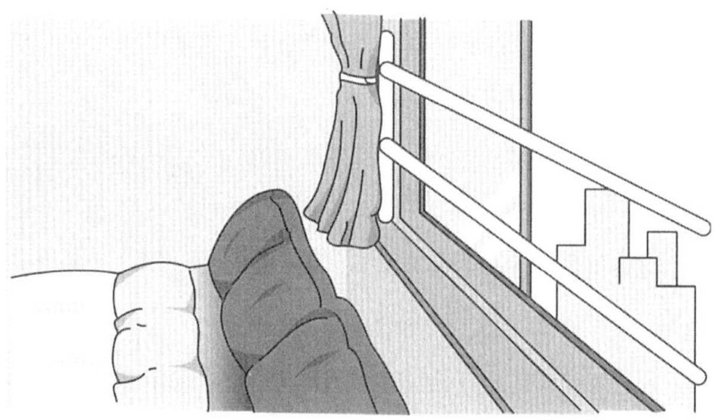

중고층 공동주택에서는 거실 쪽에 있는 창에 간단한 난간이 설치되어 있는 경우가 있다. 이 창 쪽에 가구 등이 놓여있는 경우가 많은데 여기에 어린이가 올라가 난간 사이로 얼굴을 내밀고 아래를 내려다 보다가 추락하는 경우도 있다.

그림 3-9 **실내에 있는 창틀이 낮은 건축물에 관한 대책**(사진은 초등학교 3학년 여아)

실내에 난간이 설치되어 있다. 난간 반대쪽에는 에어컨 환기구가 있어 그곳에 발을 딛고 올라가게 된다면 현재의 난간 높이로는 충분하다고 할 수 없겠다.

그림 3-10 공동주택의 공용복도 부분

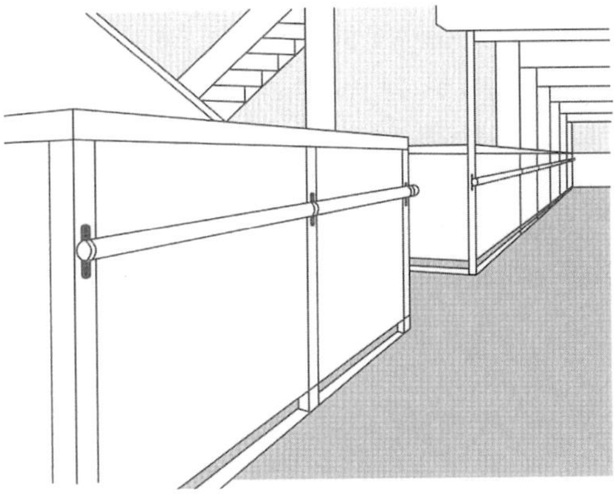

최근에는 배리어프리의 관점에서 난간을 설치하는 경우가 많으나 이것을 발 디딤턱으로 하여 어린이가 기어 올라갈 수도 있다는 사실을 고려하여야만 한다. 그 밖에도 난간 근처에 놓여진 소화전 상자, 소화기, 그 외의 물건이 발 디딤이 되는 경우도 많다. 난간에 기어 올라가더라도 떨어지지 않도록 하는 배려가 필요하다.

그림 3-11 베란다 등에 어쩔 수 없이 물건이 놓여진 경우의 대책

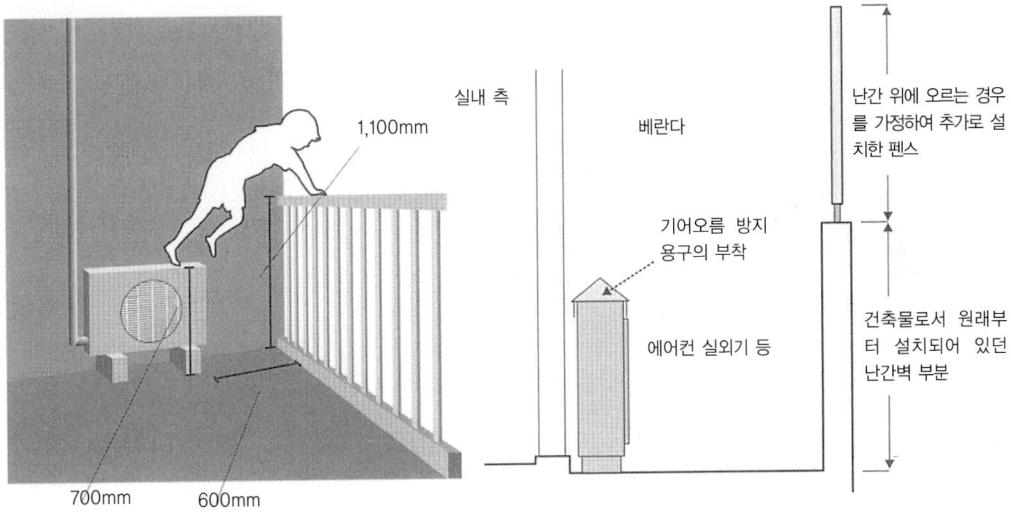

---

(3) 기어 올라갈 물건이 놓여있는 장소의 끝에서 난간까지는 최소한 600mm 이상의 이격거리를 확보하도록 한다. 이 정도의 공간만 확보된다면 6세 이하의 미취학 아동의 경우, 난간을 잡고 게다가 기어 올라가는 것은 어렵기 때문이다.

(4) 만일 에어컨 실외기 등의 설비나 낮은 수납창고 등을 두어야 하는 경우라면, 그 위에 올라갈 수 없도록 둘러싸버리든지 그림 3-11과 같이 기어오르는 것을 방

지하기 위한 경사진 용구를 설치토록 한다. 그러나 그것들을 밟고 올라가버릴 수도 있다는 사실을 가정하여, 그러한 설비나 물품이 놓여있는 부분만이라도 그 위에 추가로 난간을 설치해두는 것이 좋다.

④ 난간을 넘는 행위 유발을 방지하기 위해서는

어린이가 난간 밖에 얼굴을 내밀고 위쪽에서 내려다보게 되면, 그 후에 난간을 넘게 되는 것은 무슨 이유에서일까.

첫째는, 경치를 잘 보고 싶어서, 밖에서 사람의 목소리나 소리가 들릴 때, 그것이 무엇인가 확인하고 싶어하는 호기심에 의한 것이라고 생각할 수 있다. 그렇다면 난간 위에 올라가지 않더라도 그 호기심들을 해결할 수 있도록 해 준다면 되지 않을까.

베란다의 난간 부분을 콘크리트나 불투명한 틈이 없는 난간으로 만들어 버리면, 아이는 베란다에서 밖을 내다 볼 수 없다. 그러나 세로 틈이 들어가 있는 난간이나, 틈이 없는 난간이더라도 투명한 강화유리나 아크릴수지로 만들어진 형태라면 아이들도 난간 밖의 모습을 볼 수 있을 것이다.

단 이러한 난간이 설치되더라도 어린이는 시야가 방해되지 않는 곳에서 보고 싶어하고 혹은 끊임없이 보고 있는 위치보다 더 높은 장소에서 본다면 다른 세계가 보일지도 모른다는 기대 때문에, 역시 아이가 난간을 넘는 행동 자체를 억제한다는 것은 불가능할지도 모르겠다.

⑤ 난간살(난간부의 세로봉)의 구조적 내구력에 대하여

누구도 예상치 못한 일이지만, 아이는 장난감뿐만 아니라 베란다의 난간, 창문틀 등에서 종종 그림 3-12와 같은 자세로 논다. 그러나 이와 같은 사용방법은 제조회사나 설계자, 시공자에게는 상상조차하지 못하는 상황일 것이다.

이러한 경우 횡방향의 하중이 대상물의 한 부분에 집중되어 어린이가 하더라도 매우 큰 힘이 가해지게 된다. 이 자세를 계속 유지할 뿐만 아니라, 몇 번이고 흔들면서 노는 일도 많다. 이런 경우 일시적이긴 하지만, 미취학 아동에게서도 100kg 정도가, 초등학생에게는 100kg을 넘는 힘이 가해진다고 한다. 보통 100kg 정도의 힘이 가해지게 되면, 난간에 붙어 있는 얇은 알루미늄 세로봉(난간살)이 떨어지지는 않는다하더라도 굽어지게 된다. 또 목재 난간살의 경우, 비에 젖어 노후화되어 있다면 굵은 목재봉이더라도 부서지게 되는 경우를 생각할 수 있다. 이 상태에서 순식간에 난간살이 부서진다면 아이는 난간 밖으로 날아가 버리거나, 혹시 운이 좋더라도 실내 쪽으로 머리부터 떨어지게 되므로 두 경우 모두 중대사고로 이어

그림 3-12 어린이가 난간에서 잘 취하는 자세

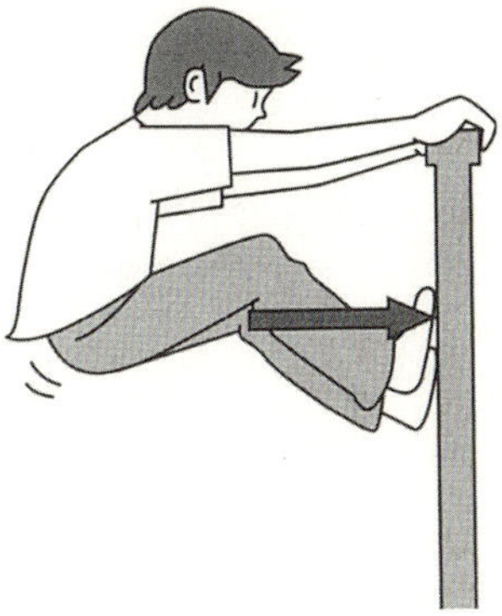

어린이라 하더라도 발부분에 큰 힘이 가해져 대상물이 파괴되는 경우가 있다.

지는 결과를 초래할 것이다.

이상 살펴본 바와 같이, 우리가 차량을 정기적으로 점검 하듯이 주택용 건축자재도 정기적인 점검이 필요하다고 하겠다.

칼럼 5

난간을 타고 넘어가는 실험

어린이에게 있어, 난간의 높이와 형상이 어떠한 것이라면 안전할까를 입증할만한 데이터를 제시한 연구는 거의 없었다. 그래서 여기에서는 어린이가 난간 등에서 추락하는 과정을, 지금까지 얻었던 경험에서, ① 받침대 등에 기어오름, ② 발 디딤턱에 오름, ③ (떨어진 곳에서부터) 난간으로 올라가 넘음이라고 하는 요소로 나누고, 아래와 같이 기구를 사용하여 실험을 시행해 보았다.

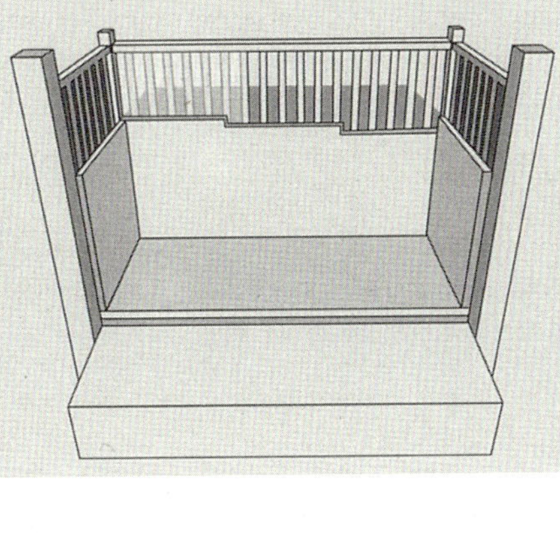

실험은 취학 전 어린이를 대상으로 시행했다. 이 설정에서 최고연령은 7세, 최저연령은 이제 막 혼자서 걸을 수 있으며 단이나 물건 등에도 자유롭게 오르내릴 수 있게 된 약 4세를 선택했다. 그러나 4세 어린이는 실험 실행시 단을 넘는 등의 지시를 이해하고 실행하는 것이 곤란했기 때문에, 5~7세 어린이 90명을 실험대상으로 하였다.

그 결과, 전체적으로 신장 105cm 미만(약 5세 정도)과 신장 105cm 이상(약 6~7세 정도)과의 사이에서, 난간을 올라 넘어가기에 대한 가능 여부에 큰 격차가 나타났다. 또 신장 105cm 미만 어린이의 경우에는 개인차가 매우 크다는 사실이 특징으로 나타났다. 특히 신장 105cm 이상의 경우, 난간의 높이와 난간까지의 거리 또 발 디딤턱의 높이에 관해서는, 타고 넘어가기 매우 어려운 조건을 설정해 놓아도 넘어가버리는 확률이 높은 것으로 나타나, 우리들이 생각하는 것 이상으로 어린이는 쉽게 난간을 타고 넘어간다는 것을 알 수 있었다.

■ 난간을 단독으로 사용한 경우의 결과(그림 a)

신장 105cm 미만의 어린이는 높이 900mm 정도의 난간은 넘어갈 수 있는 확률이 낮아 안전상 어느 정도의 효과가 있는 것으로 나타났다. 여기에서도 현행 건축기본법에 따른 절대적 난간높이 1,100mm의 설정은 유효했다. 그러나 신장 105cm 이상의 경우, 난간을 넘을 가능성이 크게 증가하기 때문에 난간높이가 1,100mm라 하더라도, 난간에서 600mm 정도의 이격거리가 확보되도록 즉 난간에 접근할 수 없는 설계상의 배려를 하지 않으면 다수의 어린이들이 난간을 넘는 것을 막을 수 없는 것으로 나타났다.

그림 a

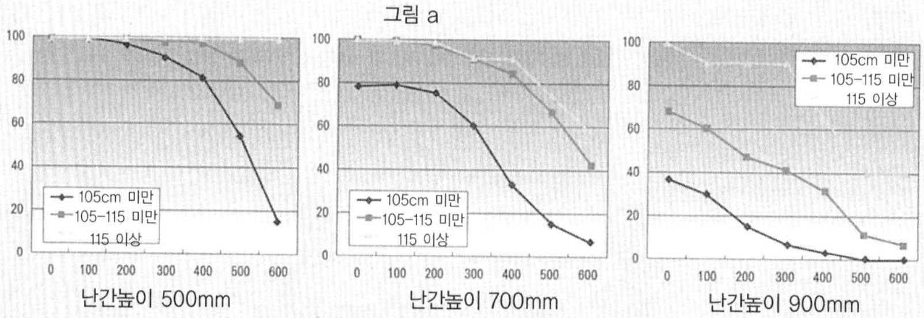

가로축은 난간에서 떨어진 거리(mm)
세로축은 그 경우 타고 넘어가버리는 비율(%)
그림은, 세 종류의 난간높이에서, 이격거리를 확보함에 따라 점차 난간을 타고 넘어가기 어려워지는 상태를 나타내고 있다.

■ 발 디딤턱이 있는 경우의 결과(그림 b)

실험조건의 최대치인 700mm(품확법(표 3-1 참조)에서, 650mm 이상은 오를 수 없다고 전제) 정도에서는, 신장 105cm 이상의 어린이 대부분은 발을 딛고 올라 갈 수 있으며, 난간을 넘기 위한 수단으로 이용될 위험성이 암시되었다.

이것은 틈이 없는 난간에 있어서도 마찬가지로, 발 디딤턱의 두께가 10mm 정도로 얇다면 신장 105cm 미만의 어린이에게는 발 디딤 방지에 어느 정도 효과가 있었다. 그러나 발 디딤턱의 두께가 25mm 이상이 되거나 혹은 10mm 두께라 하더라도, 105cm 이상의 어린이에게는 난간살이 있는 난간과 비교해 보더라도 안전성능이 특별히 높다고는 할 수 없었다.

부득이하게 발 디딤턱이 되는 것이 만들어진 경우라면, 발 디딤턱의 높이에는 구애받지 말고 디딤턱 상단에서부터의 높이를 난간의 유효규격으로 생각해야만 할 것이다. 난간높이를 현행 법규에 나와있는 것처럼 바닥면에서 1,100mm 로 설치하고 싶다면, 발 디딤턱의 최대높이는 200mm 까지로 하고, 난간살 부분은 발을 딛기 어려운 판넬상의 틈이 없는 형태로 계획하여야 한다. 그렇게 하더라도 실험결과에서는 신장 105cm 미만 어린이의 34.2%, 신장 115cm 이상 어린이에서는 100%가 난간을 타고 넘어가버리는 것으로 나타나고 있다.

그림 b

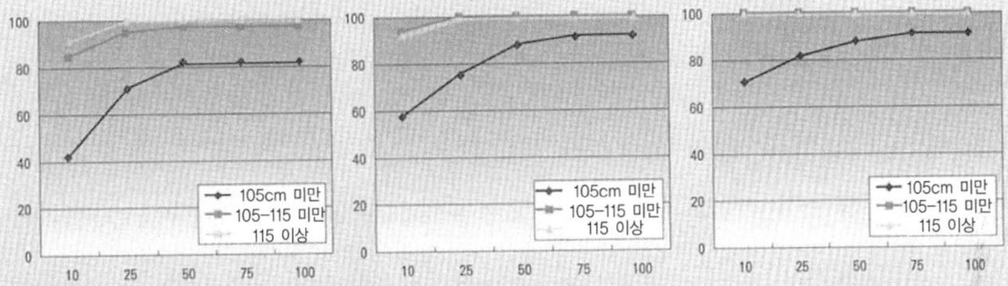

난간높이 500mm 난간높이 700mm 난간높이 900mm

가로축은, 발 디딤턱의 두께(깊이) (mm)
세로축은, 그 경우 타고 넘어가버리는 비율(%)
그림은, 세 종류의 난간높이에서, 발 디딤턱의 두께를 증가시킴에 따라 점차 난간을 타고 넘기 쉬워지는 상태를 나타내고 있다.

이 연구에서는 베란다와 창문 안쪽에 물건 또는 설비시설이 놓여있다거나, 손과 발을 걸치기 쉬운 형상으로 되어 있다고 하는 안전상 바람직하지 못하다고 판단되는 상황이 있는 경우, 신체능력이라고 하는 극히 단순한 요인에 의해 난간을 물리적으로 넘어갈 수 있는지 없는지를 검증하는 것이 목적이다.

결국, 실험결과에 따라 「넘는 것이 가능하다」고 평가된 경우라 하더라도, 다른 요인 때문에 많은 어린이들이 그곳에 기어오르거나 특히 추락하게 되는 경우는 드물었다. 그러나 실험결과에서 「넘어갈 수 없다」고 하는 환경조건 제시가 가능하다면, 그러한 수단을 강구하는 노력에 의해, 어린이가 스스로의 의지로 넘으려고 하는 것 같은 최악의 상황을 가정하더라도 어느 정도의 안전이 확보될 수 있으리라 하는 생각으로 진행한 연구라 하겠다.

4) 얼굴 내밀기

그림 3-13은 어린이에서 성인까지 신체에 대한 각 부분의 비율을 나타낸 것이다. 영유아의 경우, 낮은 연령일수록 신체에서 머리가 차지하는 비율이 큰 것을 알 수 있다. 또 신장의 변화에 비해 머리자체의 크기와 폭은 그 증가량이 적다는 것이 특징이다(그림 3-13 참조).

따라서 어른이라면 생각하기 어려운 얼굴 내밀기에 의한 전락, 추락 그리고 욕조나 세탁조에 떨어져 물에 빠진다고 하는 사고가 영유아에게는 자주 일어나고 있다.

영유아의 무게중심을 측정해보면 저신장(저 연령, 영아)에서는 성인에 비해 상대적으로 무게중심점이 높은 위치에 오는 것을 알 수 있다. 표 3-2에 따르면 스스로 이동할 수 있는 2세 영아의 평균은 40.0cm이다. 따라서 무게중심이 40cm 높이인 영아가 그림 3-14와 같이 욕실에서 높이가 40cm 정도 되는 욕조에 얼굴을 내밀고 들여다본다면, 머리부터 욕조 안으로 떨어지게 되는 상황을 쉽게 예상할 수 있을 것이다. 현재 주택에서 사용하고 있는 욕조높이는 40~45cm 정도가 주를 이루고 있기 때문에, 욕조에 물이 담겨져 있는 상태라면 영아에게는 상당히 위험한 장소가 된다고 할 수 있다.

이에 대한 대책으로, 지금까지 제시되고 있는 내용은 다음과 같다.

(1) 욕조의 가장자리 높이를 50cm 이상으로 한다.

(2) 하루 종일 욕실을 잠가 놓는다.

(3) 욕조에 물을 담아두지 말고, 입욕 후에는 욕조안의 물을 완전히 뺀다(특히 3세 영아가 있는 가정).

그림 3-13 신체 부위별 비율을 연령별 비교한 표

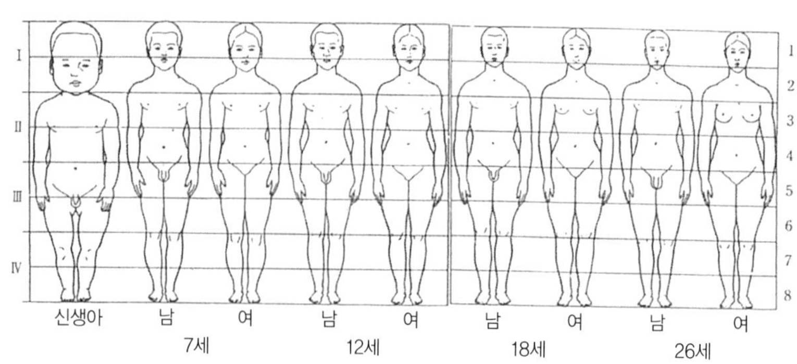

표 3-2 **연령별 무게중심 위치의 평균치**

2세 40.0cm	5세 54.4cm
3세 45.6cm	6세 59.0cm
4세 50.6cm	7세 61.8cm

이것은 어쨌든 가장 유효한 방책이라 생각된다. 그렇지만 이것은 모든 보호자의 관리하에 매일 시행된다는 것이 전제되지 않는 이상 확실하게 지키는 것이 쉽지는 않을 것이다. 이와 같이 안전대책을 보호자의 책임으로 맡겨버리는 것은 근본적인 해결법은 아니다.

또한 욕조의 높이를 50cm 이상으로 만들면 고령자의 입욕이 매우 어려워지게 되며, 일반 성인의 경우에도 욕조로 힘들게 넘어가야 하기 때문에 욕실에서 넘어지는 등 안전대책 측면에서 문제가 발생한다.

이것에 대하여, 현재 유효한 대책은 아쉽지만 없다. ① 물의 온도가 특정온도 이하로 떨어지면 자동적으로 물이 빠지거나, ② 욕조에 물이 담겨있을 때는, 욕실 문이 잠겨 어른이 조작하지 않으면 열리지 않는 등과 같은 건축설비와 건축이 일체가 되는 대책이 시행되지 않는 이상, 보호자의 관리에 따른 사고방지가 어쨌든 중요한 대책이 될 수밖에 없는 실정이다[2].

그림 3-14 **욕조에 얼굴을 내밀고 들여다보다가 욕조 안으로 떨어지는 사고**

이와 같이 위험한 상황은 욕조 가장자리의 높이를 높여주거나, 욕실을 열쇠로 잠가 들어가지 못하도록 하거나, 욕조에 물을 담아두지 않는다고 하는 방법이 어쨌든 유효한 방책의 하나로, 시행하는 것만으로도 크게 사고의 위험성을 줄일 수 있다.

칼럼 6

어린이 머리의 크기

취학전 영유아의 머리 너비(귀 상부의 머리 폭)는 2세에서 7세까지 모두 평균 14~15cm 정도로 거의 변화가 없었다. 개인차가 크긴 했으나 그렇더라도 거의 12~16cm의 범위 안에 포함되었다. 따라서 침대와 베란다 등의 난간살 간격을 그 수치보다 작게 한다면 그 틈새로 빠져나가 추락하진 못할 것이다. 또한 우량주택부품(BL부품) 인증제도에 의한 「추락방지용 난간」에 대한 항목에서는 난간살의 폭을 11cm로 정해놓고 있다. 영유아가 사용하는 베이비 침대의 경우에는 난간살의 간격을 8.5cm 이하로 하도록 정해져 있다(재단법인 제품안전협회 SG마크 인정기준으로부터).

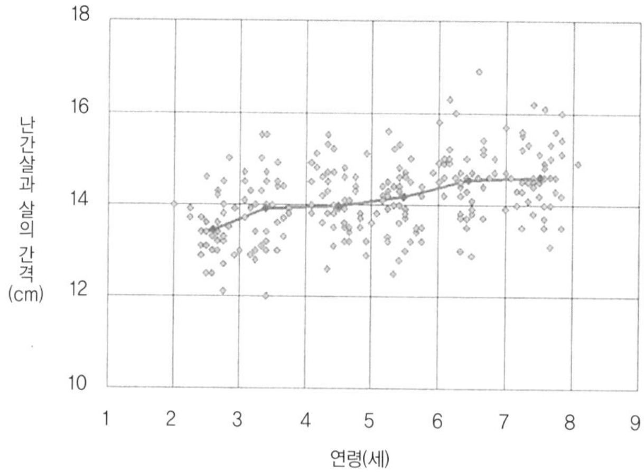

그러나 욕실에 자물쇠를 다는 일은, 그림 3-15에서 보는 바와 같이 매우 간단하게 할 수 있는 것이므로 영유아가 있는 가정에서는 반드시 설치해야 한다고 생각한다. 그러나 이것 역시 어디까지나 보호자의 관리가 필요하다는 것은 말할 필요도 없다.

2) 현재, 고령자가 입욕 중에 허혈성 심질환이나 뇌졸중이 발병하여, 그에 따른 익사사고가 증가되고 있기 때문에, 그러한 상황을 센서로 파악하여 긴급상황의 경우 자동적으로 욕조 내의 물을 일순간에 배출되는 기구가 개발되었다. 이와 같은 안전대책이 아직은 널리 보급되지 않았지만, 욕조설비의 매우 중요한 기능의 하나가 된다고 판단된다.

그림 3-15 어린이가 들어가지 못하도록 혹은 열지 못하도록 문과 문틀에 금속기구를 부착한 예

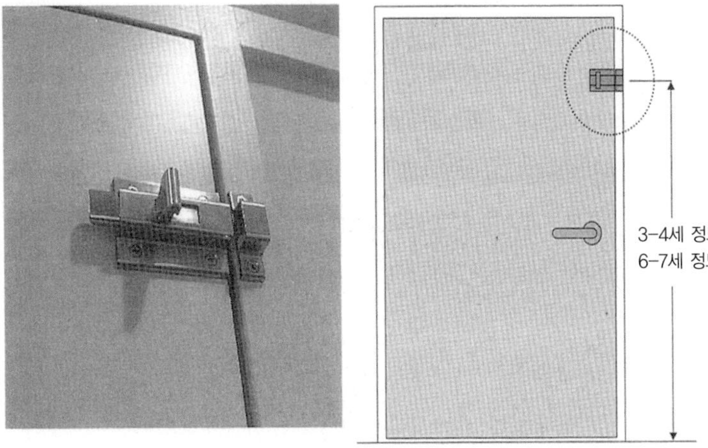

물건 꺼내기와 조작에 의한 사고 방지 | 3

가정 내에는 각종 세제나 약제 그 외에 칼, 가위 등 일상적으로 사용하는 물건이지만 어린이가 손으로 잡거나 입에 집어넣게 되면 위험해지는 물건이 아주 많다. 또 뜨거운 물이 들어있는 주전자, 가스레인지에 놓여있는 조리용구 등은 손이 닿는 것만으로도 화상을 입는다. 또한 테이블이나 탁자 등 높은 곳에 놓여있는 그러한 물건에 어린이가 손을 뻗어 떨어뜨리게 됨으로써 전신에 화상을 입는 일은 매우 흔하게 발생하는 사고이다.

이와 같이 「어린이가 손으로 잡기만 해도 위험한 물건」, 「어린이가 손을 뻗어 떨어뜨리게 되면 위험한 물건」에 대해서는, 이러한 물건을 어린이가 쉽게 만지고 꺼낼 수 없도록 관리해 둘 필요가 있다.

1) 높은 곳에 있는 물건 꺼내기

높은 곳에 놓여있는 물건은, 어린이가 꺼내지 못하리라 생각하기 때문에 선반 위에 그대로 놓아두게 된다. 이때 일반적으로 1m 정도의 높이를 목표치로 하면 문제가 없다고 한다. 그러나 필자의 조사연구에서 살펴보면 1m 높이는 3세 어린이의 손이 닿는 평균치이다. 따라서 3세 어린이 중 절반가량은 그 이상의 높이에

물건이 놓여있더라도 손이 닿아버리고 만다는 결과가 나온다.

마찬가지로 평균치로만 본다면, 4세가 120cm, 5세가 130cm, 6세가 140cm로 대략 나이가 한 살 늘어나게 되면 10cm씩 높은 곳까지 손이 닿게 된다는 사실을 알 수 있다. 특히 3세가 되면 대다수의 아이들이 무언가를 잡고 설 수 있게 되므로 비약적으로 도달거리가 늘어나게 되는 것이 큰 특징이다(칼럼 7. 참조).

결과적으로 예전부터 이야기 되는 「1m 정도의 높이」는 고작 2세 정도의 영유아가 닿을 수 없는 범위에 불과하다고 생각하는 것이 좋다. 더욱이 3세 이상이라면 방 밖에서 받침대가 되는 의자나 양동이, 장난감 등의 물건을 가져와 그 위에 올라가기도 한다. 따라서 단순하게 물건을 높은 곳에 두는 것만으로는 안전이 확보될 수 없다는 것을 기억해야 한다.

그것들에 대한 대책으로는, 그림 3–16과 같이 물건을 빼낼 수 없도록 문이 달린 장에 물건을 수납하고, 자물쇠를 걸든가, 문이 열리지 않도록 하는 도구나 열쇠를 채워놓는 것이 좋다. 관련도구들은 백화점이나 가정용품점 등에서 판매하고 있으며, 최근에는 지진 발생시 수납장 등의 문이 열리지 않도록 하는 용구를 판매하는 재난방지용품 매장도 많아졌다.

그림 3–16

수납장의 문이나 서랍을 잠글 수 있는 용구나 금속기구가 부착되어 있다. 화살표의 끝 부분은 바닥에서 1m 높이를 표시한다.

칼럼 7

어린이가 높은 장소에 있는 물건에 손이 닿는 범위

3세 이상의 영유아들의 경우, 평균치이긴 하나 1m 높이에는 쉽게 손이 닿는 것을 알 수 있다. 그리고 까치발은 3세 영유아라면 누구나 할 수 있으므로, 손이 닿는 범위가 비약적으로 확대된다고 하겠다. 2세 영유아를 보면서 「아직 다양한 행동은 할 수 없으니까 괜찮겠지」라고 생각하고 있었는데, 어느 날 갑자기 여러 가지 동작을 할 수 있게 된 것을 보고 부모가 놀라는 경험을 하게 되는 것은 이와 같은 이유 때문일 것이다.

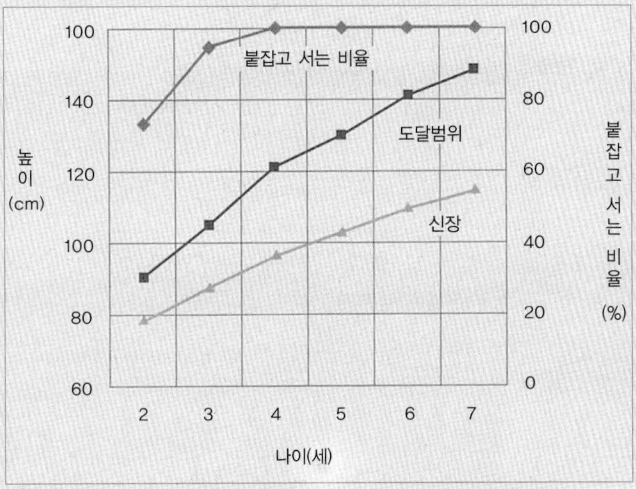

2) 먼 곳에 있는 물건 꺼내기

테이블에 놓여있는 주전자나 식기, 조리대 위에 있는 가위나 식칼 등은, 어느 정도 안쪽 깊숙한 곳에 놓아두면 아이가 꺼내지 못할 것이라 생각한다. 그러나 물건이 놓여있는 장소의 높이도 중요하다 하겠으나 손이 닿는 범위에도 주목할 필요가 있다.

그림 3-17은 주택 내부에 있는 일반적인 가구나 설비의 높이별로 각 연령의 어린이가 어느 범위까지 손이 닿을 수 있을 것인가에 대해 조사한 평균치를 나타낸 것이다.

거실에 놓인 낮은 테이블에서는, 2세의 경우라도 평균 40cm 이상 닿을 수 있으므로 대부분 꺼낼 수 있는 것으로 나온다. 높이 80cm의 싱크대(조리대)도 5세 이상이라면 40cm 넘는 범위까지 손이 닿는 것을 알 수 있다. 따라서 이 범위 내에 주전자나 냄비를 놓아둔다면 위험하다는 것은 자명한 사실이다.

그림 3-17 각 연령에 따른 높이별 수평도달거리

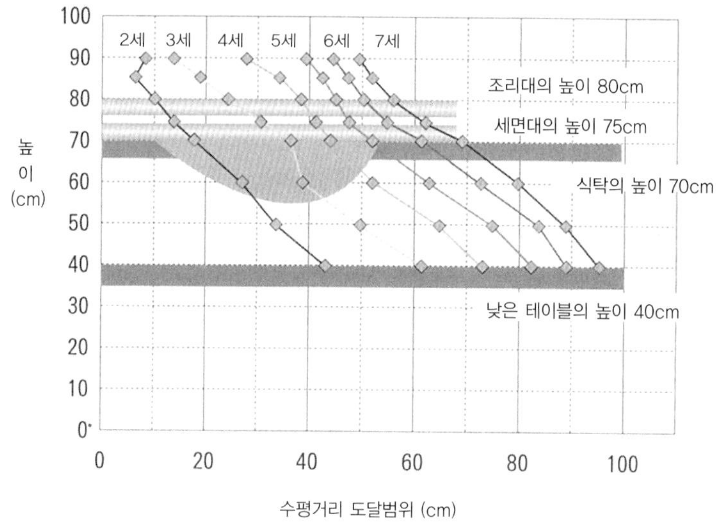

그림 3-18 주택 내에 있는 가구나 설비에 대한 어린이 손의 도달범위

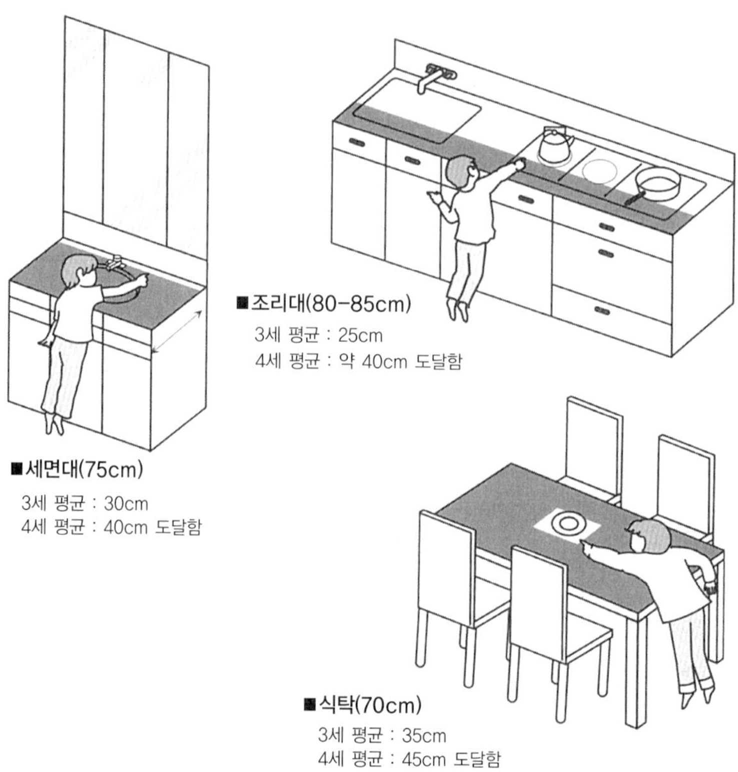

3) 아이가 조작하기 어렵도록 하는 제안

앞에서는 수납장 등에서 물건을 꺼낼 수 없도록 잠그는 도구나 열쇠를 채워두는 방법에 대해 설명했다. 이외에도 어린이가 쉽게 조작하게 되면 위험한 세탁기의 뚜껑, 난방용품의 스위치에 안전장치(Guard)를 붙이는 방법을 생각할 수 있다. 이것 역시 일반 상점에서 판매되고 있다(그림 3-19).

안전하긴 하지만 이러한 용구류는 성인에게는 조작할 때마다 자물쇠를 벗겨낼 필요가 있어 불편하기 때문에, 애써 안전장치를 부착하였더라도 사용하지 않게 되는 경우가 많다. 또 고령자의 경우에는 사용하기 어렵기 때문에 이러한 용구류에 대해서는 금후 개발의 여지가 있다고 생각된다.

다만 이것들도 아이가 멋대로 조작하거나 뚜껑을 열게되면, 물에 빠지거나 화재에 의한 화상이라고 하는 심각한 결과를 초래하게 될 우려가 있다. 이에 대한 대책으로는 「차일드 락, Child Lock」 등을 생각할 수 있으며 이 부분은 기구나 설비 제조회사 측에서 반드시 고려해야 할 사항이다.

그리고 세탁기 등에 물 담아두지 말기, 세탁실은 잠가놓을 것, 난방용품 등을 사용하지 않을 때에는 콘센트를 뽑아 두는 등 사람이 신경 쓸 수 있는 것은 최선을 다해야 할 것이다. 최근 인기가 있어 판매량이 증가하고 있는 「경사진 형태의 드럼세탁기」는 일부러 들여다보지 않아도 세탁기 안쪽이 잘 보여 고령자나 초중학생 등도 사용하기 쉬우나, 영유아가 얼굴을 내밀고 들여다보다가 그대로 안쪽에 빠져 익사하게 되는 위험성도 생각할 수 있을 것이다(다행히 현시점에서 이와 같

그림 3-19 세탁기의 뚜껑을 잠그거나, 난방기의 조작 스위치를 덮어 가려버리는 도구

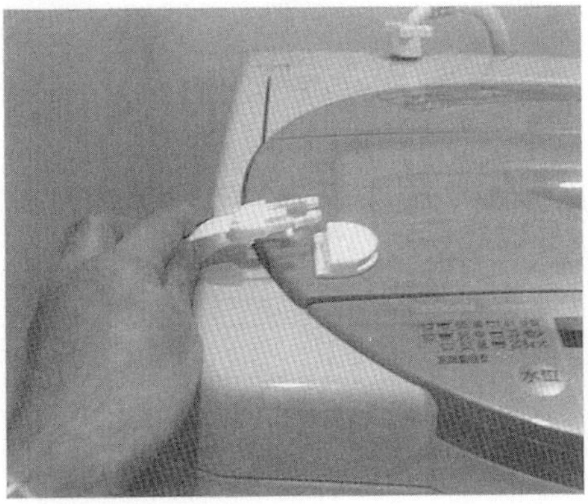

그림 3-20 얼굴을 내밀고 세탁기를 들여다 볼 경우의 위험성과 경사식 드럼세탁기가 위험한 이유

어떤 경우라도 머리부터 떨어진다면 자기 스스로의 힘으로 나올 방법은 없다.

은 사고는 보고되어 있지 않다). 또 부엌에서는 아이가 마음대로 가스레인지의 스위치를 돌려 가스가 유출된다든지, 불을 켜서 화재가 나는 경우도 있다. 그런데 최근에 나온 가스레인지는 고령자를 배려하여 누구든지 사용하기 쉬운 「유니버설 디자인」을 표방하여 좀 더 쉽게 점화하도록 되어 있다. 그런데 예전의 가스레인지는 스위치를 누르면서 돌리지 않으면 조작 자체가 불가능한 형태였다. 이와 같은 스위치 조작형태의 변화는 고령자나 조리를 할 수 있게 된 초등학생에게는 매우 편리한 것이지만, 한편으로는 어린 아이도 쉽게 조작할 수 있는 상황이 되었기 때문에 문제가 발생하기도 한다.

앞으로의 가정용설비, 기구는 「편리한 조작」이 기본이 되어야 한다는 것이 자명한 사실이나 때때로 사고의 원인이 되기도 한다. 따라서 어린이가 만질 수 없는 장소에 있는 전원스위치를 설치해 놓고, 그 전원을 켜지 않으면 조작 자체가 불가능하도록 해 두는 등 아이의 안전을 우선적으로 배려하는 설계가 필요할 것이다.

이제 우리는 이러한 작동스위치에 시판되고 있는 덮개 등을 씌워 아이가 조작하기 어렵도록 만드는 대책을 취하거나, 혹은 부엌에 들어오지 못하도록 하는 방안마련이 필요할 것 같다.

넘어짐에 의한 사고 방지 | 4

1) 미끄러짐과 넘어짐에 대한 방지 대책

① 바닥

■ 미끄럼 방지와 넘어짐(엎어져서 넘어짐)에 대한 사고 예방

어린이는 실내를 정신없이 뛰어다니는 경우가 많기 때문에, 미끄러져 넘어지는 일도 자주 일어난다. 엎어져 넘어지는 정도라면 큰 부상이 아니므로 가볍게 보는 경향이 있으나, 실내에서 넘어지는 경우 아이가 넘어지는 장소에 가구나 건축재, 경우에 따라서는 유리나 뜨거운 물이 든 주전자 등 위험한 것이 있다면 큰 사고로 이어지게 된다.

또 고령자의 경우에도 바닥에서 미끄러져 넘어지는 사고는 자주 일어나므로, 그러한 관점에서도 대책을 세워둘 필요가 있다.

■ 보행과 바닥재의 관계

걷기 쉬운 관점에서 본다면, 표면이 거칠거칠한 콘크리트 바닥처럼 미끄러지지 않는 바닥재가 좋은 것만은 아니다. 보행시에는 적당한 미끄러움이 있는 편이 당연히 걷기 쉽다(칼럼 8. 참조). 어떤 바닥이 좋은가에 대해서는 신발과의 관련성도 중요하다. 일본이나 한국에서는 실내에서 주로 신발을 벗고 생활하지만 때로는 슬리퍼를 신고 생활하는 경우도 있다. 그러나 어린이는 슬리퍼를 신고 생활하는 경우가 거의 없다는 것을 먼저 생각하자.

일본에서는 보통 「플로링」이라고 칭하는 목재바닥이 실내의 대부분을 차지한다. 최근에는 고령자 보행시에 무릎에 가는 부담을 경감시키고 또한 공동주택에서는 계단이용에 따른 보행소음을 줄이기 위하여 플로링 밑에 쿠션이 있는 재료를 사용하는 경우도 늘어나게 되었다. 이것은 넘어질 때에도 큰 부상을 입지 않는다는 장점이 있다.

또 부엌이나 화장실, 탈의실에는 「P타일」이라 불리는 30cm 각 크기의 단단한 타일을 사용하는 경우가 많다. 그런데 이것은 내수성이 높고 물에 젖어도 쉽게 닦아 낼 수 있으며, 비교적 표면이 딱딱하고 겨울에는 차가우며 물에 젖으면 미끄럽다(이것은 모든 재료의 공통적 특징이긴 하지만)는 결점을 갖고 있다. 간혹 어린이가 바닥을 어지럽힌다는 이유로 일반 거실에도 이 타일소재를 사용하는 주택도 있다. 그러나 슬리퍼를 사용하지 않는 어린이에게는 사용감도 나쁘고 넘어질 때

칼럼 8

바닥재의 미끄럼 정도를 나타내는 C.S.R 수치

바닥재의 미끄럼 정도를 나타내는 것으로, C.S.R 수치라는 것이 있다.

쾌적한 보행을 위해서는, 지나치게 미끄러운 것도 나쁘지만 미끄럽지 않는 것 또한 넘어지는 원인이 되기도 한다. 통상적인 보행의 경우, 허용범위는 0.4~0.9, 최적치는 0.6~0.7 전후로 되어있다. 그러나 유치원이나 보육원과 같이 아이가 뛰어 돌아다니거나, 걸어가다가 갑자기 멈추거나 하는 장소에서는 어느 정도 이 수치를 낮추어, 조금 미끄러지기 쉬운 바닥재를 선택함으로써 아이가 급정거시 엎어져 넘어지는 것을 막아주는 것이 좋다. 바닥재 샘플북에는, C.S.R 수치가 기재되어 있으나, 젖어있을 경우에 동일한 바닥재라도 매우 미끄러지기 쉬워지는 사항도 표기되어 있다.

큰 부상을 입을 가능성이 높다. 최근에는 내수성능이 우수한 플로링재도 다양하게 출시되고 있으므로, 리폼을 할 때 시공업체와 상담해보면 좋을 것이다.

이 외에 융단이나 카펫 등이 있다. 이것도 쿠션성능이 좋고 슬리퍼 없이 걸어도 걷기 쉬우며 넘어져도 부상을 입기 어려우므로, 한 때 아이들 방에 많이 사용되었었다. 그러나 물을 엎지르면 닦아내기 어렵고 더러워지기 쉽다고 하는 결점과 동시에 먼지 등이 쌓이기 쉬워 집안먼지 발생에 대한 문제도 있기 때문에, 현재는 사용이 줄어들게 되었다.

이러한 점 때문에 주택 내부 바닥재에 대해서는 다다미방 이외에는 현재 생산되는 플로링재 중에서 비교적 쿠션 성능이 있는 것을 선택하는 것이 좋겠다. 그러나 이것만으로 아이가 넘어지는 사고를 막을 수는 없다. 물론 뒤에 다시 언급하겠지만 넘어진 후 사고로 이어지는 경우가 많으므로, 뾰족한 물건이나 딱딱한 물건을 실내에 놓아두지 않는 것도 중요하다 하겠다.

② 계단

불의의 사고로 매년 700명 가까운 사람들이 주택 내의 계단에서 사망하고 있다. 이것 역시 확실한 통계는 아니나 대부분은 계단에서 굴러 떨어짐에 의한 것이라 생각된다. 또 필자의 조사에 의하면 떨어지는 사고의 거의 대부분은 계단을 내려갈 때 일어난다. 내려갈 때에는 발밑을 보기 어렵기 때문에 계단을 헛딛는 일이 많이 일어나는 것 같다.

■ 계단에서의 사고를 방지한다

(1) 계단 바닥면(디딤면)을 넓게 잡는다

건축기준법에 계단의 경사는 주택에서는 디딤면 150mm 이상, 단높이 230mm 이하로 정해져 있다. 법에 정해진 계단의 최저기준을 잘 살펴보면 경사는 45도 이상이며 성인의 경우 발의 반 정도만 디딤면에 올려놓을 수 있다.

한편 안전하게 오르내리기 위한 이상적인 계단경사는 7/11이라 한다. 그러나 이 기준에 그대로 따르면 일반 주택계단에서 평면의 길이가 4m 이상으로 연장되어 버린다. 대부분의 주택에서는 계단평면길이가 2.7m 정도에 불과하므로 실제로, 얼마나 위험한 계단이 많은가를 알 수 있을 것이다.

특히 방이나 화장실에서 문을 열고 나오는 정면에 내려오는 계단이 있다면 밤에는 굴러 떨어질 우려가 있다. 주택을 계획할 때는 이러한 점에도 주의를 기울일 필요가 있는 것이다.

일단 계단경사를 완만하게 만드는 것 그리고 계단과 방의 위치가 안전상 중요하다는 것은 이해하였으나, 이미 사용하고 있는 기존계단에 안전대책마련을 위한 개조를 시행한다는 것은 현실적으로는 어려울 것이다. 따라서 그 외의 방안으로, ① 난간을 설치한다, ② 미끄럼방지(Non-Slip)를 부착한다고 하는 개조방법을 생각할 수 있다.

(2) 난간을 설치한다

계단의 난간은, 어린이에게도 고령자에게도 굴러 떨어짐을 방지하기 위한 매우 효과적인 시설이다. 고령자를 위해서라면 난간높이를 750mm 정도로 설치하는 경우가 많으나, 2~6세 정도의 어린이들도 사용한다는 것을 고려한다면 400~550mm 높이에도 또 하나의 난간이 필요하게 된다.

먼저 제 1단계로, 난간이 없는 계단에 높이 750mm 정도의 위치에 난간을 설치하게 되면, 이 높이는 취학전 아동의 어깨 높이 전후가 되기 때문에 떨어지는 사고예방에 어느 정도 효과를 기대할 수 있다. 또한 성인도 안전하게 계단을 이용할 수 있게 된다. 다만 이 경우 주의해야 할 사항은, 난간봉이 지나치게 두껍지 않도록 해야 한다는 것이다. 왜냐하면 난간의 직경이 두꺼우면 넘어질 때 어린이가 난간을 붙잡아도 꽉 잡을 수 없어 손을 놓치기 때문이다. 직경 32~34mm 정도라면 성인도 어린이도 비교적 확실하게 쥘 수 있다. 어린이만 사용하는 전용난간을 설치할 경우에는 난간봉의 직경은 28mm 정도가 적당하다.

만약 난간의 설치높이를 어린이와 함께 이용할 것을 고려하여 750mm 이하로 하게 되면 성인들은 전혀 사용할 수 없게 되어버린다. 난간은 자신이 최적이라 생각하는 높이보다 조금 더 높게 설치되어 있는 경우 어느 정도의 사고방지효과를 기대할 수 있으나, 조금이라도 낮게 설치되어 있다면 쉽게 잡을 수 없기 때문에 위험하게 된다.

다음으로 어린이 안전을 최우선으로 생각한다면 제 2단계로 어린이용 난간을 설치하는 것이 좋을 것이다. 단 성장속도가 빨라서 적정높이를 설정하는 것이 매우 까다롭다. 신장에 대한 최적위치보다 낮으면 성인의 경우와 마찬가지로 사용하지 못하므로, 성인용보다도 200mm 정도 낮은 550mm 정도로 해두면, 초등학교에 진학한 후에도 계속 사용할 수 있을 것이다. 또 높이가 550mm 이상 되면, 위에 있는 성인용 난간(높이 750~800mm 정도)과의 간격(이격거리)이 좁아져서 키가 커지게 되면 아래쪽 난간을 손으로 잡기 어렵다.

(3) 논 슬립(Non-Slip)을 설치한다

다음으로 논 슬립을 설치하는 방법이 있다. 단 현재 사용하고 있는 계단의 계단코 부분에 그대로 설치하면, 디딤면보다 논 슬립이 돌출되게 되어, 반대로 논 슬립에 걸려 넘어지는 경우가 발생한다. 따라서 계단코 부분을 깍아내고 논 슬립을 묻는 형태로 부착하여 디딤면이 평평하게 되도록 설치해야 한다. 더 간편한 방법으로는 시트형의 얇은 논 슬립을 붙이거나, 계단코 부분에 미끄럼을 막는 도장을 하는 방법도 있다.

(4) 계단코가 눈에 잘 뜨이게 한다

계단에서 떨어지는 사고는, 대부분 계단을 내려갈 때 발생한다. 그림 3-24는 도쿄도 재개발지역에 있는 계단이다. 설치초기에 이곳에서 굴러 떨어지는 사고가

그림 3-21 디딤면과 계단높이

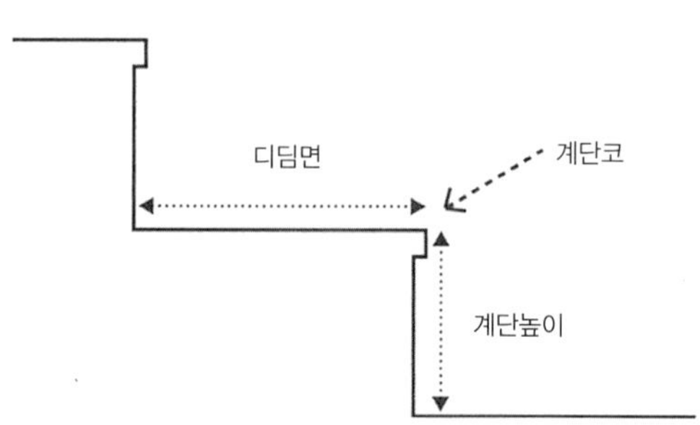

그림 3-22 계단의 난간높이와 설치방법

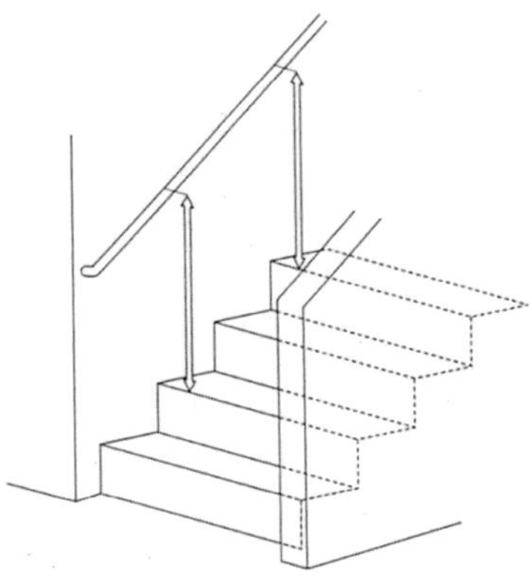

그림 3-23 난간의 설치위치와 크기

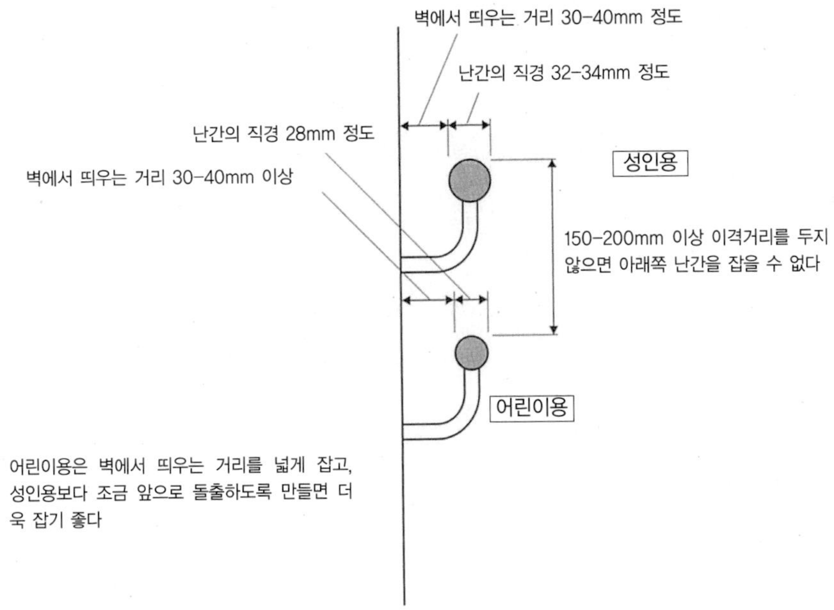

자주 발생하였기 때문에, 이후에 계단코 부분을 눈에 띄는 색(노랑색)으로 선을 칠하게 된 사례이다.

눈에 띄는 색은 계단 등 바닥재료의 색과의 명암대비(콘트라스트)가 중요하므

그림 3-24 건설 당시부터 굴러 떨어지는 사고가 많았던 계단

계단코 부분이 눈에 잘 뜨이도록 노란색 선을 그어 놓았다.

로, 눈에 뜨이는 색이 노랑색이라고 한정짓지는 않겠다. 그러나 이 장소와 같이 바닥재료가 밝은 색으로 되어 있는 경우에는, 검은색이나 어두운 회색계통을 사용하는 것이 효과적이며 디자인상으로도 바람직하지 않았나 생각된다. 주택의 경우는 전술한 바와 같이 논 슬립과 미끄럼 방지도료의 색을 고려해 보는 것도 바람직하겠다.

(5) 계단코를 부드러운 소재로 한다

아무래도 계단에서 굴러 떨어지는 사고는 일어날 수밖에 없는 것인지도 모른다. 대다수의 경우는 돌출되어 있는 계단코 부분에 몸을 부딪쳐 큰 부상을 입게 되는 경우가 많다. 넘어지더라도 가능한 한 조금만 다치도록 하려면 계단코 부분만이라도 부드러운 소재를 사용하는 것이 바람직하겠다.

(6) 계단형태에 관한 주의사항

• 계단의 단과 단 사이의 수직면은 반드시 설치한다

주택의 계단부분에는 그림 3-27과 같이 계단사이에 수직면이 없는 경우를 흔히 볼 수 있다. 이것은 계단 밑 부분의 채광과 통풍을 확보하거나, 계단 자체를 개방

그림 3-25 카펫 등을 깔아 계단자체를 미끄러지기 어렵게 만들고, 넘어지더라도 큰 부상을 입지 않도록 한다

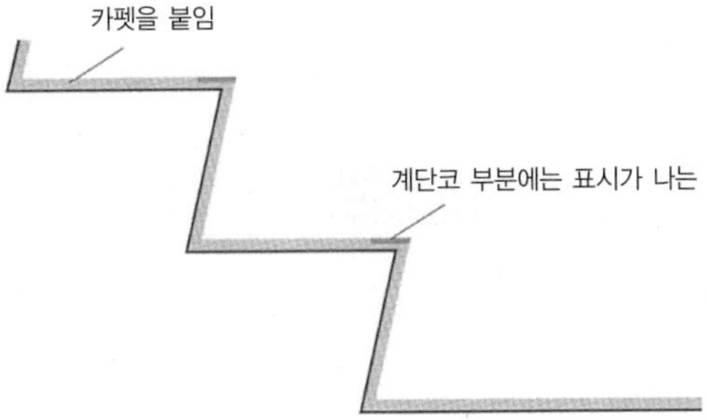

그림 3-26 계단코 부분을 미끄러지기 어렵게 하여, 넘어지더라도 큰 부상을 입지 않도록 한다

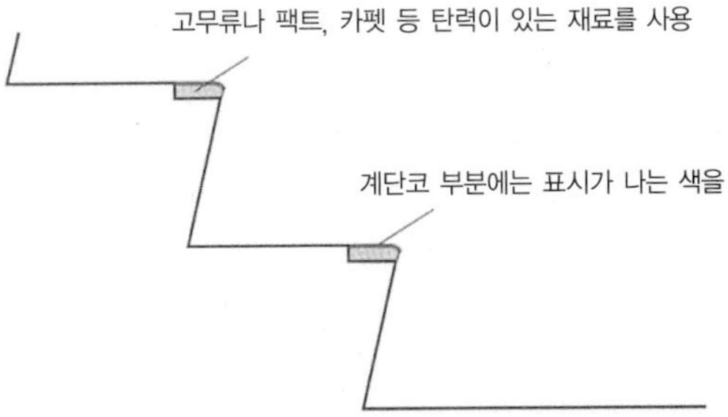

적인 디자인으로 하기 위해서나, 계단이나 복도 부분에 면적이 제한되어 있는 주택에서 자주 채용되는 디자인이다. 그러나 이와 같은 계단에서 어린이가 넘어지게 되면 이 부분(단과 단 사이의 틈새)으로 몸이 빠져나가 추락하거나, 또 그 틈에서 놀고 있을 때 다른 어린이가 위에서 올라타거나 하면 크게 다치게 된다. 어린이가 계단을 놀이장소로 사용하지 않도록 하기 위해서도, 단과 단 사이의 수직면 설치는 필요하다.

• 나선계단은 위험하다

최근에는 주택 내에 나선계단을 설치하는 곳도 생겨나고 있다. 밝고 참신한 디자인으로 주택잡지 등에서 자주 소개되고 있으나 성인들도 발을 헛딛게 되면 넘어지기 쉬운 위험한 계단이다. 공원의 놀이기구 등에서도 사고가 자주 발생하기 때문에(칼럼 10. 참조), 이미 위험한 계단형태라고 인식되어 있다.

그림 3-27 계단의 단과 단 사이의 수직면이 없는 계단

혹시 주택 내에 이러한 나선형 계단이 이미 설치되어 있다면, 나선의 안쪽 회전부에 난간을 설치토록 하여, 적어도 발을 헛딛었을 때 굴러 떨어지는 위험을 피할 수 있도록 한다.

(7) 계단의 위치

의외로 많은 것이, 그림 3-28과 같은 계단의 바로 위에 있는 복도를 끼고 출입구가 있는 방이 배치되어 있는 경우의 전락사고이다. 밤에 방에서 나오다가 그대

그림 3-28 2층 거실 출입구의 바로 앞에 계단이 있는 사례

로 계단에서 굴러 떨어지게 될 가능성이 높기 때문이다. 본래 방의 출입구 바로 앞에 계단을 배치하는 것은 위험한 일이나, 주택에서는 좁은 공간에 많은 방을 만들고 계단을 배치하여야 하기 때문에 이러한 평면계획이 이루어진 곳을 흔히 볼 수 있다. 이미 이러한 배치가 되어 있는 경우라면, 특히 영유아들에게는 매우 위험한 장소가 되므로 높이가 1m 이상 되는 난간을 설치해 둘 필요가 있다.

2) 넘어지더라도 부상을 막자

실내외를 막론하고, 아직 신체가 충분히 발달하지 못한 어린이들은 보통 걷다가도 넘어지기 일쑤이다. 그러나 넘어질 때 몸을 물체에 부딪치게 되면 큰 부상을 입거나 중대사고로 이어지는 경우가 있다(칼럼 9. 참조).

보행시나 달릴 때에도 물체에 부딪혀 부상을 입는 일은 자주 있다. 또 뒤로 넘어지는 경우도 있다. 그러나 그 경우 그림 3-29와 같이 정면이나 뒤편에 어떤 평면적인 벽이나 받침대가 있거나, 돌출되어 있더라도 모서리가 둥글며, 날카롭고 뾰족하지 않았더라면 그다지 큰 부상을 입는 일은 없을 것이다.

그런데 그림 3-30과 같이 신체에 닿는 대상물의 모서리가 예리한 것으로 되어 있거나, 가는 돌기가 나와 있으면, 신체에 부딪힌 부분에 집중적으로 힘이 가해지게 되어 큰 부상을 입게 된다.

또 그림 3-31과 같이 대상물이 특별히 위험한 형태의 것이 아니더라도, 평상시 보행하고 있는 장소에 예상치 못한 부분에 돌출된 물체가 있다면 그것은 매우 위

그림 3-29 대상물에 예리한 돌기가 없는 경우

험하다. 특히 시야범위에서 벗어난 머리 위에 있는 것이나 발아래에 있는 것은 위험하다. 여기에 머리를 부딪히거나 정강이를 부딪히게 되면 큰 부상을 입게 될 것이다. 이러한 돌출물은 복도나 현관 등 실내에서도 자주 발견된다. 벽에 부착된 악세사리나 게시물 그리고 달려있는 걸쇠 등이 대표적인 것이다.

그림 3-30 대상물에 예리한 돌기가 있는 경우

그림 3-31 눈에 잘 뜨이지 않는 장소에 돌출된 물체가 있으면, 곧 큰 사고로 이어진다

그림 3-32 돌출된 물체에 고무형태의 안전장치(guard)가 부착되어 있는 예

공공시설의 통로, 계단부분의 난간 등이 돌출되어 있어 위험하므로, 돌기부분에 부드러운 고무형태의 안전장치를 부착하였다.

칼럼 9

공원에서 놀이기구를 사용하던 중 넘어지면서 옆구리를 나선형 계단의 계단코에 심하게 부딪혀, 신장에 손상을 입은 사례

2005년에 일어났던 사고로, 어린이가 이 놀이기구에서 놀다가 계단에서 넘어져 복부 측면에 큰 부상을 입었다. 당시는 나선형 계단의 디딤면 형태와 난간이 없다는 것 등이 지적되었지만, 계단코 부분 등 돌출부분에 조금이라도 부드러운 재료가 사용되어 있었더라면, 그 정도로 심각한 부상은 입지 않았을 것이다. 사진은 개선 전의 모습으로, 현재는 난간이 설치되어 있다.

5 | 끼임 등에 의한 사고 방지

1) 문에 끼임

① 여닫이 문

문에 「끼임」에 의한 어린이 사고로는, 2004년 3월에 일어난 록본기 힐즈의 회전문에서 일어난 사고를 들 수 있으며 당시 사회적으로도 큰 문제가 되었던 사건이다. 그리고 공공시설에서 이와 유사한 사고는 지금까지도 자주 일어나고 있다.

주택에 있는 문은 자동문과 같은 동력을 사용하지 않으며 중량도 그다지 무겁지는 않아 치명적이지 않지만 손가락 「끼임」 등의 사고는 일상생활 속에서 자주 일어나고 있다. 정확한 사고통계는 없으나, 보도에서 다루고 있는 것처럼 사망사고에 이르는 것은 아니나, 손가락을 조금 다치는 사고에서 절단에 이르는 큰 사고까지 수많은 사고가 일어나고 있다고 생각된다. 둘 이상의 어린이가 있는 가정의 경우라면 한 아이가 닫는 문에 다른 아이의 손이 끼는 사고 역시 자주 발생한다. 결국 다른 많은 사고들이 그러하듯이 부모가 주의와 관심을 기울이더라도 사고는 막을 수 없는 것이다.

필자의 조사에서는 기밀성이 높은 공동주택에서 현관문을 강하게 닫았을 때 실내의 다른 문이 쾅하고 닫혀 아이의 손이 끼는 사고가 발생된 경우도 있었다.

그림 3-33 여닫이 문에 부착된 금속장식 쪽에 손을 끼임, 이른바 「호두까기 사고」

예상치 못한 의외의 위험한 장소에서, 다행히 사망사고에는 이르지 않았지만 중상을 입는 사고로 이어질 위험성이 있으므로 관련대책은 긴급하게 마련되어야 한다고 생각한다. 매우 끔직한 중대사고로 이어지는 그림 3-33과 같은 문에 끼이는 사고는, 여닫이문에 부착된 금속장식 쪽에 손이 끼이게 되는 이른바 「호두까기 사고」라 불리는 것이다. 비록 아이가 약한 힘으로 문을 살짝 닫았다하더라도 지레의 원리에 의해 매우 큰 힘이 가해지게 된다. 철제 현관문의 경우 600kg 정도의 힘이 가해지는 경우도 있다고 한다. 이와 같은 큰 힘이 가해지게 되면, 성인의 손·손가락이라 하더라도 부서져버린다.

손가락이 끼이는 사고는, 자기 자신이 문에 손을 넣고 닫아버리는 경우도 있으나, 대부분의 경우 문 반대쪽에 있는 사람이, 다른 사람의 손가락이 문틈에 들어가 있는 것을 인식하지 못한 채 닫아 버리는 것이 주된 원인이 되는 것 같다. 그런 이유로 문에는 문 반대쪽에 사람이 있다는 것을 미리 알 수 있도록 틈새창을 설치하는 것이 좋을 것 같다(그림 3-34).

또 한가지 문제점은, 이와 같이 여닫이 문 안쪽(그림 3-35의 좌측그림)에서의

그림 3-34 손이 끼이지 않는, 혹은 손이 끼이더라도 큰 부상은 막을 수 있는 문(여닫이 문) 만들기

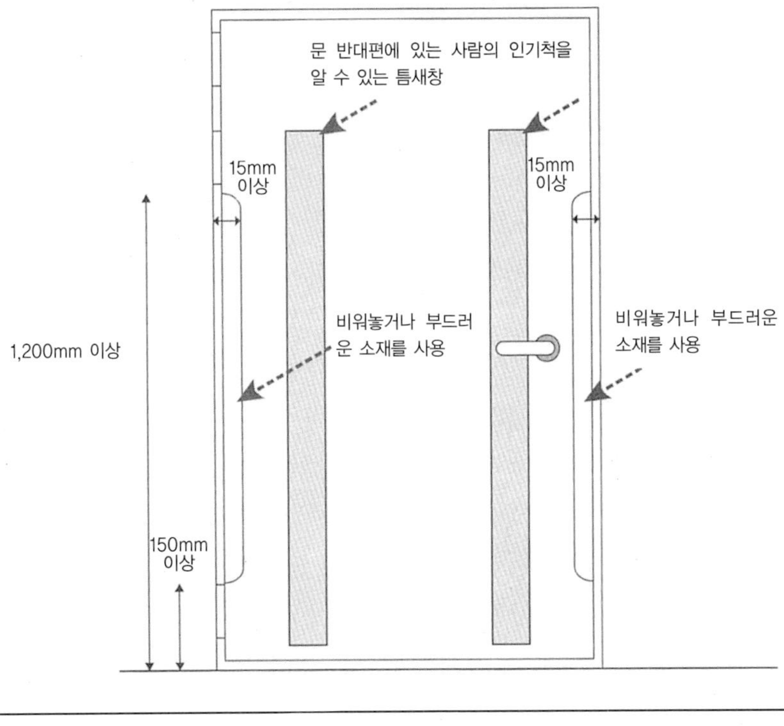

그림 3-35 문 끼임의 현상과 흔히 발생하는 문제점

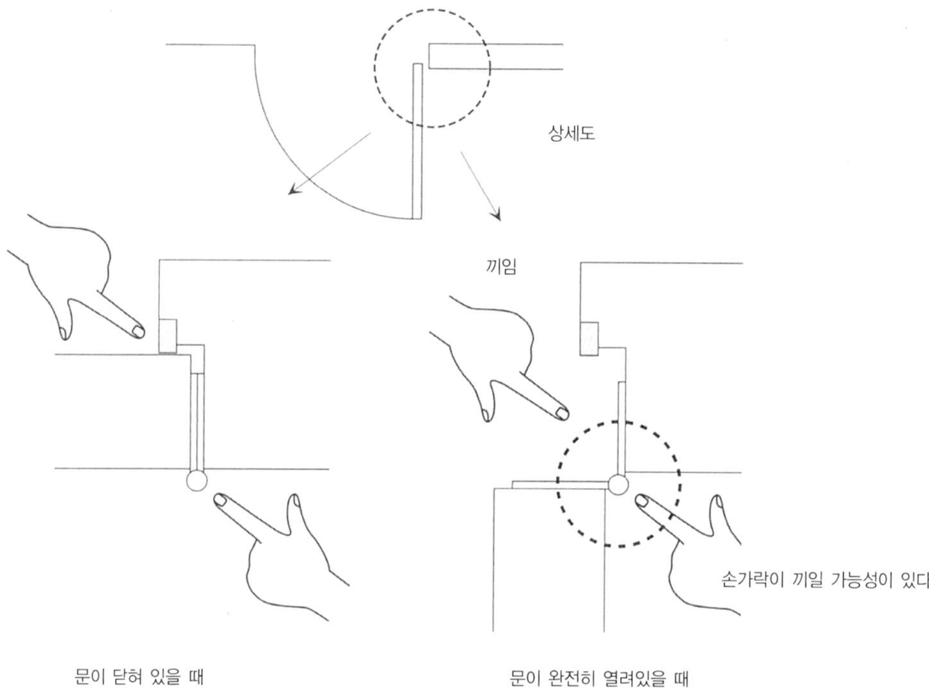

위험성은 널리 알려져 있으나, 바깥부분(그림 3-35 우측그림)에서의 사고위험은 의외로 알려지지 않았다는 것이다. 문을 받치는 금속부착물의 틈은 5~7mm 정도이나 이곳에 성인의 손가락은 들어가기 어려우므로 간과하기 쉽다. 그런데 어린이의 손가락은 쉽게 들어가 버리고 만다. 이와 같은 경우에는 어린이가 손을 집어넣은 채로 자신이 문에 부딪히게 되면 손이 끼어버리는 사고도 발생한다.

그에 대한 대책으로, 그림 3-36과 같은 「문 끼임 방지구조」를 가진 문이 다수의 건축자재회사에서 제작되어 시판되고 있다. 다만 현재로서는 문 끼임 사고를 고려하고 있는 주택용 문은 현관문처럼 무겁고 커다란 것 밖에 없다. 그러나 문에 손이 끼이는 것은 실내에서도 일어나기 때문에 실내에 있는 문에도 이러한 배려가 이루어지는 것이 바람직하겠다.

또 이 「문 끼임 방지구조」를 갖는 문도 그림 3-36과 같이 문이 반 정도 열린 상태일 때 바깥쪽에서 손가락이 들어갈 수 있으므로 만능이라 할 수는 없다. 이런 건축도구의 구조에 대해서는 앞으로도 개선의 여지가 있다.

현재 마련되어 있는 문에 관한 대책으로는, 그림 3-37과 같이, 바닥에서 1m 정

그림 3-36 문 끼임 방지기구와 문제점

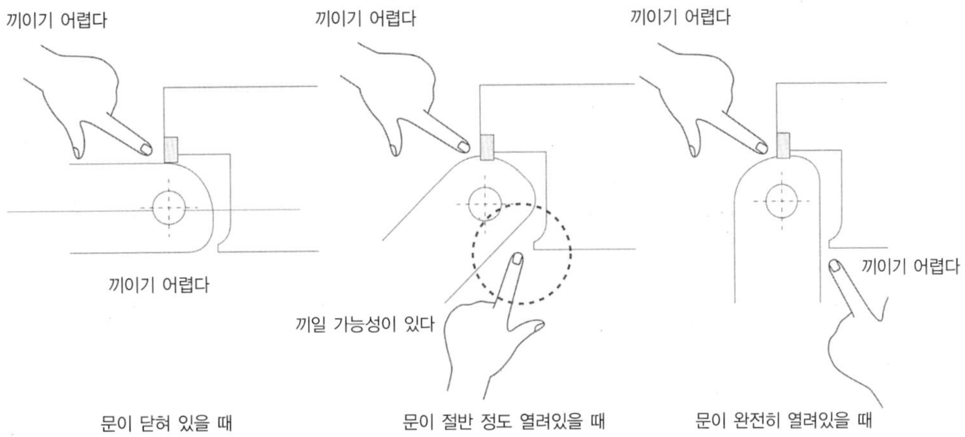

그림 3-37 문(여닫이 문)의 틈새를 덮는 것처럼 안전장치를 부착한 예. 시판되는 제품도 있음

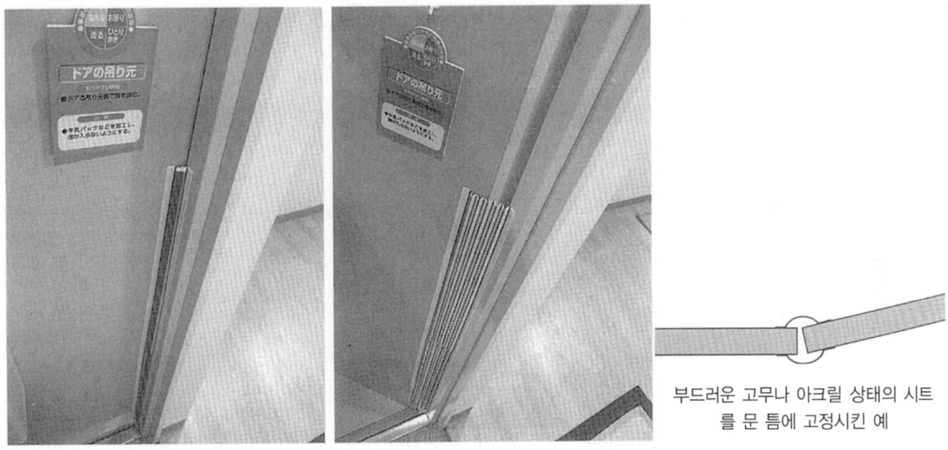

도 높이까지는 손이 들어가지 못하도록 보호하는 용구가 있다. 기본적으로 여닫이문은 안과 밖의 양쪽에서 손가락이 끼일 가능성이 있으므로 보호용구는 두 쪽 모두 필요하다. 다만 가정에서 부착하는 것은, 문의 개폐를 반복하거나 현관 등 집밖에 붙이면 떨어져버리는 경우도 있어 내구성이 없다. 이제부터는 건축용구 제조회사에서 반드시 대책이 마련되어야 할 것이라 생각된다.

공공시설 등에서는 문에 홈을 집어넣어 만약 손가락이 끼더라도, 손가락에 큰

그림 3-38 도어 클로져

힘이 가해지지 않도록 하고 있다(그림 3-34 참조). 단 이 부분에 틈이 생기기 때문에 주택현관에는 적합하지 않다. 이와 같이 잘라낸 홈 부분에는 부드러운 고무나 펠트상의 재료를 사용한 것이 있다면 좋을 것이다.

또한 여닫이식의 현관문이나 실내문의 일부에는, 그림 3-38과 같은 도어 클로져(Door-Closer, 도어 체크)라고 하는 자동으로 문이 닫히는 기구가 부착되어 있다. 이것 때문에 손가락이 끼이는 사고도 많은 모양이다. 사람의 출입이 많은 장소에서는 이 장치를 떼어버리는 경우도 있는 듯하나, 철제문은 법률로 「방화문」 용도로 정해진 경우도 있으므로 함부로 떼어 버려서는 안 된다. 다만 이 장치에는 몇 개의 조절위치가 있어 나사를 조절하면 문이 닫히는 속도 등을 제어할 수 있다. 지나치게 빨리 세게 닫혀버리는 상태라면, 스스로 점검하거나 용구점에 의뢰하여 조정을 받는 것이 좋다. 다만 고층 공동주택에서는 바람이 불어 문이 세게 닫히지 않도록, 아예 개폐를 둔하게 해두는 경우도 있다.

② 미닫이 문

사고의 위험은 여닫이문 뿐만 아니라 미닫이문에도 존재한다.

(1) 미닫이문에서 각 문틀이나 벽의 들어가는 부분 등에 손가락이 끼임

이것도 가위처럼 전단력이 작용하게 되므로 작은 힘으로 문을 열더라도 어린이의 손가락에 가해지는 힘은 매우 크다.

그림 3-39 ⓐ는 미닫이문의 벽에 창이 달려있어, 이곳이 움푹 들어간 형태로 되어 있는 예이다. ⓑ는 다른 문의 틀에 손가락이 끼이는 예이다. ⓑ에서는 이것에

그림 3-39 미닫이문에서 각 문틀이나 벽의 들어가는 부분 등에 손가락을 끼이는 예와 대책

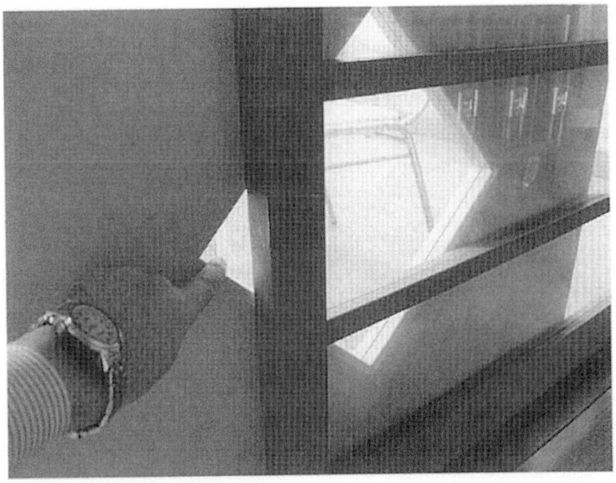

ⓐ

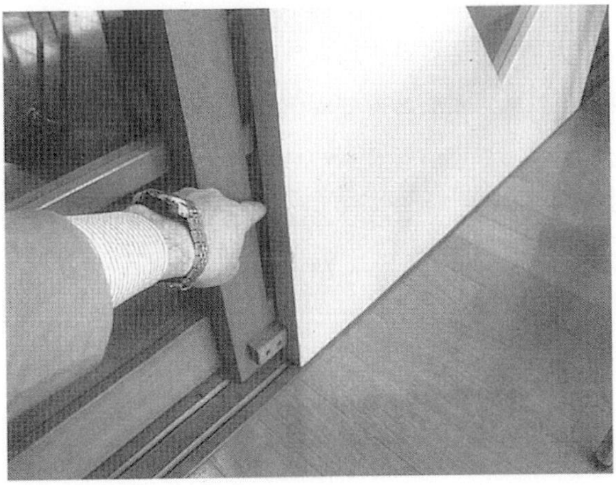

ⓑ

그림 3-40 손이 빠져나올 수 있도록 움푹한 곳을 설치하는 방법과 끼임방지 스토퍼

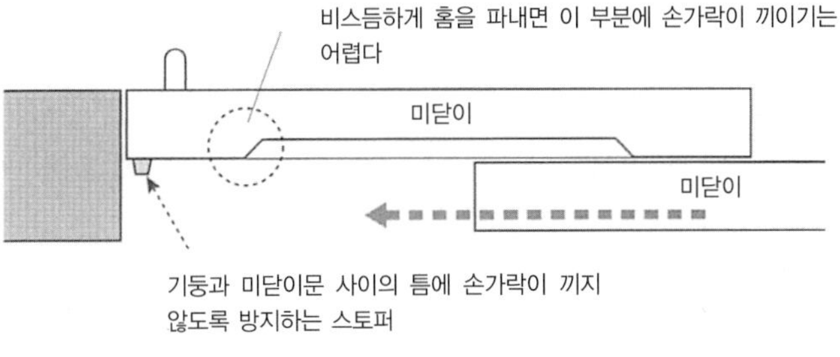

그림 3-41 미닫이를 완전히 열었을 때 기둥부분 등에 손가락을 끼이지 않도록 하는 대책

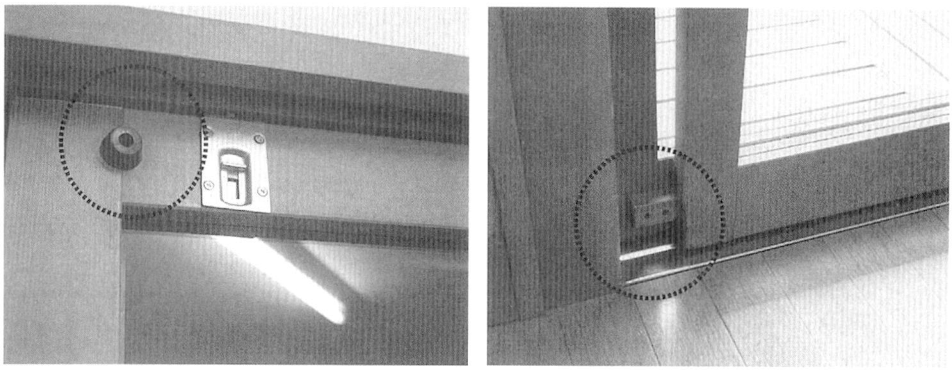

ⓐ ⓑ

의한 손 끼임을 방지하기위해 바닥 가까이에 문이 멈출 수 있는 나무조각(스토퍼)을 설치하여 손가락이 끼이기 직전에 정지하도록 되어 있다. 이러한 것은 일반 가정에서도 설치할 수 있지만 문을 완전히 열었을 때의 유효폭은 줄어들게 된다. ⓐ의 경우는 문을 멈추는 나무조각을 고정된 형태로 설치하여, 그 이상 문을 열지 못하게 되어버렸다.

이미 이렇게 건축된 경우에는 대책마련이 어려우나, 그림 3-40과 같이 혹시 손이 끼더라도 그곳에 손이 빠질 수 있도록 움푹 들어간 부분이 있다면 손가락이 끼이는 일은 사라지게 된다.

(2) 미닫이문을 전부 열었을 때, 기둥부분에 손가락을 끼이다

이에 대한 대책으로는 그림 3-41 ⓐ와 같이 스토퍼가 되는 것을 붙여두는 것을 생각할 수 있다. 스토퍼는 그림 3-41 ⓐ, ⓑ와 같이 부착하는 방법 외에 바닥의 문턱이나 문틀 상부에 붙여도 좋을 것이다. 그림 3-41 ⓐ는 고무로 된 스토퍼를 문틀 상부에 붙여놓은 예이다. 아울러 여기에는 어린이가 혼자서 문을 열지 못하도록, 키가 큰 성인만 개폐를 할 수 있는 자물쇠가 설치되어 있다.

칼럼10

어린이 손가락이 들어가는 크기는

최근 공원의 회전놀이기구에서 나사가 빠진 놀이기구의 구멍에 어린이가 손가락을 집어넣어 절단이 되고만 사고가 계속해서 일어난 것이 화제가 되었다. 또한 가정용 슈레더(문서절단기)에 손가락을 넣어, 중상을 입는 사고가 빈번히 일어나고 있다는 것도 보고되고 있다. 필자의 조사에서는, 2~7세 영유아는 손가락 두께가 최대 14mm 정도(검지), 최소 3mm 정도(새끼손가락)가 되는 것으로 나타났다. 따라서 이러한 놀이기구의 설계시 적어도 2~3mm 이하의 틈을 두지 않는다면, 아이의 손가락이 들어가는 일은 없을 것이다.

그리고 위험한 장소가 아니더라도, 어린이가 구멍에 손가락을 넣었을 때에 그것이 쉽게 빠지도록 할 필요가 있다. 혹시 손가락이 들어갔을 경우에 다른 사람과 부딪혀 자신이 넘어진다거나 대상물이 움직이게 되는 경우, 손가락이 쉽게 빠져나올 수 없다면 심각한 부상을 입게 된다. 따라서 구멍에 손가락을 넣을 가능성이 있는 장소에서는, 최저 15mm 이상, 가능하면 20mm 이상의 크기로 만들어 여유를 확보해야만 할 것이다.

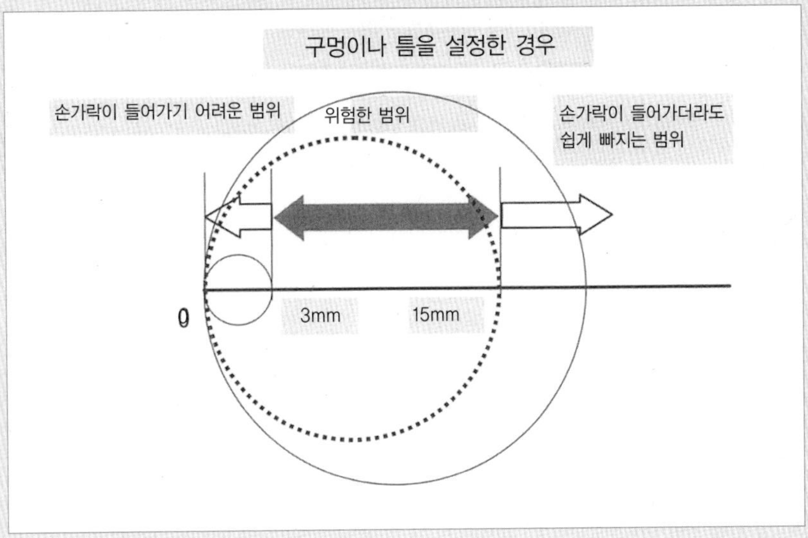

표 3-3 〈참고자료〉 어린이의 연령별 주요 신체치수의 평균치와 표준편차

			2세		3세		4세		5세		6세		7세	
			평균	표준편차	평균	표준편차	평균	표준편차	평균	표준편차	평균	표준편차	평균	표준편차
키(cm)			78.7	2.8	88.2	3.0	97.0	6.2	103.0	4.8	109.7	5.2	115.0	5.3
몸무게(kg)			10.5	0.9	12.9	1.2	15.3	2.0	16.9	1.7	19.3	2.6	21.1	2.9
어깨 높이(cm)			58.4	3.7	65.9	5.5	74.8	5.8	80.1	4.4	86.0	4.7	90.7	5.0
손가락 길이(cm)			24.7	2.5	29.2	2.8	33.8	3.9	37.3	4.2	39.4	3.0	41.9	3.0
머리 둘레(cm)			13.5	0.6	13.9	0.8	14.0	0.9	14.1	0.7	14.6	0.8	14.6	0.7
손(mm)	엄지 손가락	폭	9.1	0.6	9.4	1.3	10.0	1.3	10.2	1.3	11.0	1.3	10.9	1.3
		두께	7.4	0.8	7.6	1.0	8.0	0.8	8.4	0.9	8.5	1.0	8.8	1.1
	새끼 손가락	폭	8.0	0.6	8.4	1.1	8.7	0.8	9.1	1.0	9.3	1.1	9.4	1.1
		두께	6.8	0.8	6.9	1.3	7.1	1.0	7.3	1.1	7.6	1.1	7.8	1.1
발(mm)	엄지 발가락	폭	14.9	1.5	15.7	2.0	16.6	2.4	16.8	2.5	17.9	2.8	18.8	1.7
		두께	12.7	1.2	13.9	1.7	14.1	2.3	15.0	2.1	15.4	2.8	16.5	1.9
	새끼 발가락	폭	8.8	0.8	8.7	1.3	9.3	1.1	9.2	1.3	9.8	1.3	10.0	1.4
		두께	8.6	0.7	8.7	1.3	9.3	1.1	9.3	1.2	10.0	1.5	10.2	1.5
주먹 내경(mm)			18.2	2.4	21.0	2.7	22.6	3.4	24.7	2.5	26.4	2.7	28.9	2.8
무게중심 높이(cm)			37.5	10.8	45.6	4.1	50.6	5.3	54.4	5.3	57.7	10.3	61.8	6.9

자료 : 八藤後猛, · 田中賢, · 中村孝之, · 野村歡 「영아를 대상으로 한 인체 및 동작계측장치의 개발과 데이터 수집에 의한 건축안전연구에 대한 고찰. 영유아의 가정 내 사고방지에 관한 연구」. '일본건축학회 계획계논문집', No.562, 2002년 12월

제 4 장

놀이터 사고와 안전대책 포인트

1. 어린이 놀이와 「놀이의 가치」
2. 놀이터의 중대사고와 「해저드」
3. 놀이터의 계획 · 설계 · 설치 포인트
4. 놀이터의 안전점검과 관리 포인트
5. 놀이터의 안전이용 포인트

제4장

놀이터 사고와 안전대책 포인트

1 어린이 놀이와 「놀이의 가치」

1) 놀이와 「놀이터」의 의의

한계에 도전하면서 시도하고 있는 어린이들

네덜란드의 문화인류학자 호이진가가 사람을 「호모 · 루덴스」, 「유희의 인간」이라 부르는 것 같이[1] 사람은 학습을 통해 다양한 「지식」을 몸에 익히기 이전부터, 놀이를 통해 살아가기 위한 여러 가지 「지혜」를 창조해왔다. 어린이들에 있어 놀이란 단순히 여가가 아닌 자신이나 주변의 인간관계를 이해하고 더욱이 외부환경이나 사회를 배우고 적응하기위한 중요한 행동이라 말할 수 있다. 왜냐하면 어린이들은 놀면서 다양한 것에 도전을 하고, 성공과 실패를 반복하면서 심신의 성장과 발달을 체험해가기 때문이다. 이러한 의미에서 「놀이터」는 어린이 성장과 발달의 장소로서 중요한 역할을 담당하고 있다고 하겠다.

어린이의 주요한 「놀이터」의 하나인 도시공원을 관할하고 있는 국토교통성은 2002년에 「도시공원에 있어서 놀이기구의 안전성 확보에 관한 지침」(이하 국토성 안전지침이라 함)을 발표하였다. 지침의 타이틀이 「도시공원에 있어서」로 되어 있기는 하나, 정원이나 학교 교정 등을 광범위하게 포함하는 일반적인 놀이터에 적용할 수 있는 내용으로 되어 있다.

1) 「호모 루덴스」 중앙공론신사, 1973년

아찔한 체험을 즐기는 어린이들

권두의 「어린이와 놀이의 중요성」이라는 항목에서 「어린이는 놀이를 통해 자기 스스로의 세계에 도전하면서 신체적, 정신적, 사회적인 면 등이 성장하는 것이고, 또 단체놀이 속에서 자신의 역할을 확인하는 것 외에도 놀이를 통해 자신의 창조성이나 주체성을 향상시켜 간다고 생각된다. 이와 같이 놀이는 모든 어린이의 성장에 있어 필수 불가결한 것이다」라고 그 중요성을 언급하고 있다.

그러나 이러한 「놀이의 평가나 효용」이 눈에 뜨이는 것은 아니기 때문에 중요성을 인식하긴 어렵지만, 강아지나 새끼고양이가 열심히 노는 모습을 보면서 놀이가 인간만의 특별한 행동이 아니라 발달과 함께 나타나는 본능적인 행동이라는 사실을 이해할 수 있다. 그래서 프랑스 사회학자 로제 카이요도 놀이의 주요한 요소의 하나로 간주하고 있는 「아찔함」에 대한 체험, 즉 「흔들림」, 「미끄럼」, 「올라감」이라 하는 놀이에 동반되는 행동은 본능적 또한 근원적인 욕구에 의한 것이기 때문에, 어린이가 이러한 놀이나 놀이터에서의 도전기회를 잃게 된다는 것은, 어린이 성장과 발달의 기회 자체를 빼앗아버리는 것으로 이어진다는 사실을 지적하고 있다[2].

---

2) 로제 · 카이요의 「놀이와 인간」, 1990년

2) 위험에 도전하는 어린이의 본능

그렇다면 어린이에게 매력이 있는 「놀이터」란 구체적으로 어떤 형태의 「놀이터」 일까?

모험과 도전을 통해 위험에 도전하는 것은 어린이들에게는 커다란 매력의 하나이므로 그러한 도전을 해 볼 수 있는 환경을 가진 놀이터는 매력적이며 즐거운 놀이터라고 할 수 있다. 한편 획일적으로 만들어진 대다수의 「놀이터」는 어린이에게 그다지 매력적이지 못한 것 같다. 실제로 어린이들에게 인기가 있는 놀이터의 대부분은, 보기에도 「위험」이 느껴지는 모험과 도전이 가능한 요소가 산재해있어 어린이의 눈에 매력적으로 비춰지는 것들이다.

국교성 안전지침에도 어린이의 놀이와 놀이기구에 관하여, 「놀이기구는 모험과 도전, 사회적인 놀이의 기회를 제공하고 어린이의 놀이를 촉진시킨다. 모험이나 도전이 가능한 놀이기구는 어린이에게 매력적일 뿐만 아니라 성장에도 도움이 되는 것이다」고 제시되어 있다.

또한 위험에 도전하는 과정에서 실패하여 일례로 작은 부상을 입었다 하더라도 실패를 통해 스스로 한계를 깨닫게 되는 것이다. 그 결과 더욱 더 도전심이 생겨나거나, 보다 큰 사고나 부상을 막기 위한 위험회피능력이 길러지게 될 것이다. 국교성 안전지침에서도 「어린이는 어느 정도 위험성을 내재하고 있는 놀이에 끌리며, 그러한 놀이에 도전하는 과정을 통해 자기의 심신능력을 향상시켜 간다」고 언급하고 있다.

3) 두 가지 유형의 위험 - 「리스크」(Risk, 위험가능성)와 「해저드」(Hazard, 위험)

① 리스크와 해저드란

모험이나 도전할 수 있는 놀이기구가 어린이에게는 매력적이며 심신발달에 있어서도 중요한 것이라는 사실을 알게 되었을 것이다. 한편 구조상의 결함 등 어린이의 생명을 위협하거나 위중한 장애를 남겨버리는 위험은 제거해야만 한다. 구미에서는 그러한 어린이에게 중대한 사고원인이 되는 허용되기 어려운 불필요한 위험을 「해저드」라 부르는데 비해, 어린이가 도전하는 「놀이의 가치」로 허용되는 유익한 위험을 「리스크」라 구별하여 부르고 있다. 예를 들면 놀이기구의 설치면이 콘크리트나 아스팔트로 되어 있다면, 놀이기구에서 굴러 떨어지는 경우 매우 중대한 사고로 이어질 가능성이 있다. 따라서 콘크리트나 아스팔트 등 딱딱한 설치

고무(뉴욕)나 모래(샌프란시스코) 등의 충격흡수 바닥의 설치가 상식화 되어 있는 구미의 놀이터

면은 굴러 떨어지는 사고에서는 허용되지 않는 위험, 즉「해저드」이다. 현재에는 모래, 나무판, 고무 등의 충격흡수소재의 설치면을 시공하는 것이 구미에서는 상식으로 되어 있다.

또 국교성 안전지침에서도,「놀이터에 관한 리스크와 해저드」라는 주제로「어린이는 놀이를 통해 모험이나 도전을 하면서 심신의 능력을 높혀 가는 것으로, 그것은 놀이가 갖는 가치의 하나이기는 하나 위험성도 내재되어 있는 것이다. 어린이 놀이에 있어 안전을 확보하는 문제는, 놀이에 내재되어 있는 위험성이 놀이가 갖는 가치의 하나이기도 하다는 점을 고려하여, 사고에 대한 회피능력을 키울 수 있는 위험성 또는 어린이가 판단 가능한 위험성인 경우를 리스크, 사고로 이어지는 위험성 또는 어린이가 판단 불가능한 위험성인 경우를 해저드로 구분하여 검토하도록 한다」고 하고 있다.

② 지나친「해저드」 대책에서「리스크」를 재점검하라

그러나 존재하는 위험이「놀이의 가치」로서 유익한 위험「리스크」인가, 불요한 위험「해저드」인가 하는 판단은 시대적인 배경에 따라 변화되어 왔다.「리스크」의 중요성이 지적되기 시작한 것은 거의 1990년대 후반이 되면서 부터이다. 구미에서는 1980년대에 들어서면서 어린이 놀이터에서의 사고 증가가 사회문제로 대두되었으며, 그 책임을 관리자나 제조자에게 엄하게 물게 되었다. 영국에서는 매스미디어가 놀이기구에서 굴러 떨어지는 사고의 위험성을 인식하고, 미디어에 의한 캠페인을 시행하게 되었다. 이에 보호자들은 패닉상태에 빠지게 되고 지자체에서도 민감하게 반응하게 된 결과, 그러한 위험성을 제거하기 위하여 충격이 흡수되는 바닥포장이 전면적으로 도입되게 되었다. 구미에서도 어린이가 놀이터에서 부상을 당하게 되면, 이유여하를 막론하고 관리자가 고소를 당하는 상황에 처하게 되므로, 그와 같은 상황을 피하기 위해 안전기준이 책정되게 되었다.

그리고「안전기준이야말로 놀이터 사고를 막기 위한 만능대책」이라 보고,「해

칼럼 1

놀이기구의 안전기준은 만병통치약?

구미에서는 놀이터의 사고방지나 안전대책을 생각하는 경우, 놀이기구의 안전기준이 중심적인 역할을 맡아 왔다. 일본 놀이터의 안전기준은, 국토교통성의 안전지침은 홈페이지(http://www.mlit.go.jp/crd/city/park/yugushishin/shishin.pdf)에서 무료로 다운로드할 수 있으며, (사)일본공원시설업협회)의 안전기준도 협회에서 구입할 수 있다. 그러나 안전기준은 결코 사고방지를 위한 만병통치약은 아니며, 안전기준을 준수한 놀이기구에서 이용자에 따른 인적 해저드를 제거하고, 놀이기구의 기준과 유지관리를 확실하게 실시하는 것을 시작으로 안전을 확보하는 작업을 게을리 해서는 안 될 것이다. 또한 2002년에 나온 정부지침도, 2007년 개정을 위한 검토위원회가 개최되었는 바 변경된 부분에 대해서는 상기 홈페이지를 참조하기 바랍니다.

저드」를 없애기 위해 지나칠 정도의 안전기준에 맞춘 정비가 진행되고 있다. 그 결과 놀이기구를 설계함에 있어 자유로움은 박탈당하게 되었으며, 그 결과 얄궂게도 놀이터에서 「놀이의 가치」로서의 「리스크」까지도 제거되어 버리고 말았다.

이러한 사태를 영국의 발달심리학자 J · 린던 박사는 「모든 위험에서 어린이를 격리시키는 일에 집중하는 것은 역효과를 초래할 뿐만 아니라, 도전이나 흥분이 없는 퇴출된 환경을 만들기 쉽다」는 문제를 제기하였다. 또 미국 교육학자 F · 워렌크 박사도 「우리들이 놀이기구를 재미없게 만들면 사고는 적어질 수 있을지 모르겠으나, 어린이가 리스크에 도전하는 즐거움을 추구하면서 놀이터에서 노는 모습은 없어지게 되는 것이 아닐까」라고 「놀이의 가치」로서 리스크에 도전하는 중요성을 지적하고 있다.

4) 「놀이의 가치」를 제창한 국교성 안전지침

① 「리스크」와 「놀이의 가치」

지나치다할 정도의 「해저드」 대책에 의해 「놀이의 가치」로서의 「리스크」까지 없애버렸던 과거 경험을 가진 구미에서는 놀이 속에서 「리스크」에 도전하면서 작은 부상을 경험하게 되더라도 그것은 큰 사고나 새로운 위험을 피하기 위한 학습의 기회이며, 거기에는 안전에 대한 판단력이나 행동력을 몸에 익히는 「놀이의 가치」가 있는 것이라는 사고방식이 현재는 주류가 되어 있다.

또 영국에서는 놀이터에 관련된 모든 단체가 모여, 「영국 놀이터 안전헌장(2002년)」을 제정하고 놀이환경이 「리스크」를 제공하는 것이라는 사실의 중요성을 재인식시키고자 하는 활동이 행해지고 있다. 헌장에서 어린이는 다양한 신체적 재능과 능력을 갖고 있으며, 여기에는 어른이 과소평가하고 있는 「리스크를 평가 · 관리하는 위험회피능력」도 포함되어 있다. 그러나 어린이는 놀이나 활동 중에 접할 수 있는 여러 가지 「해저드」를 스스로 평가하는 경험이나 능력이 부족하기 때문에 「리스크」에 대해 배우고 경험할 수 있는 적절한 환경을 제공하는 것이 매우 중요하다. 더욱이 놀이터는 「리스크」를 제공하는 이용목적과 어린이를 「해저드」로부터 지키는 이용 사이의 균형적인 관리를 목적으로 한다고 정의하고 있어, 놀이터에서의 「리스크」는 유익한 것으로 기본적으로는 인간의 이용목적을 만족시키며, 현실적으로는 어린이가 「리스크」에 도전함으로써 달성감과 작은 부상을 경험할 기회를 부여한다고 선언하고 있다. 현재 이 헌장은 영국 내에 그치지 않고 구미대륙 전체에서 추진되어지고 있다.

한편, 국교성 안전지침에서는, 「놀이기구의 안전성 확보에 있어서는 어린이가 모험과 도전을 할 수 있는 시설로서의 기능을 손상시키지 않도록 놀이의 가치를 존중하고 리스크를 적절하게 관리함과 동시에 해저드의 제거에 노력하는 것을 기본으로 한다. 공원관리자는 리스크를 적절하게 관리함과 동시에 생명에 위험이 있는 정도 또는 영구적인 장애를 가져다줄 사고로 이어질 우려가 있는 물리적 해저드를 중심으로 제거하고 어린이 · 보호자 등과도 연계하여 인적 해저드의 제거에 노력한다」고 하고 있다. 또한 「놀이의 가치로서 리스크」를 인정하는 한편, 「큰 사고의 원인이 되는 해저드」를 제거하는 것의 중요성을 기본이념으로 삼고 있다.

또한 안전지침에는 「어린이와 보호자는, 놀이에서 일정부분 자기책임이 동반된다는 것을 인식할 필요가 있으며 특히 보호자는 스스로의 판단이 충분하지 않은 연령의 아이가 안전하게 이용할 수 있도록 충분한 배려가 필요하다」고 되어 있다. 더욱이 공원관리자와 보호자 · 지역주민은 연대하여 어린이의 놀이를 지켜보아 「해저드」의 발견과 사고발생에 대응하는 것이 바람직하다고 하며, 놀이기구의 안전성 확보에 관한 기본적인 생각이 나타나 있다. 여기에서 언급하는 공원관리자는 정원이나 교정 등을 포함한 넓은 범위의 일반 놀이터 관리자도 포함된다.

② 「상상을 초월하는 놀이방법」도 「놀이의 가치」

어린이는 놀면서 여러 가지 것들에 도전하게 되며, 그러한 어린이의 행동특성 때문에 놀이터에서 일어나는 사고도 끊이지 않는다. 일본에서도 1990년대 후반부

성인들의 상상을 초월하는 놀이방법을 취하는 어린이들

터 전국 각지에서 박스형 그네를 시작으로 놀이기구에서의 사망사고와 중대사고가 자주 발생하였다. 그리고 박스형 그네 사고를 둘러싼 관리자나 제조회사에 대한 소송이 일어났으며 그 결과 관리자나 제조회사 모두의 책임을 묻는 판결이 나왔고 매스컴에서도 크게 보도되었다. 그 이유는 지금까지의 판결에서 놀이기구에 관한 대부분의 사고는「일반적인 놀이방법을 벗어난 어린이에게 원인이나 책임이 있다」고 내려져 왔으나, 박스형 그네에 관한 재판에서는「어린이는 모험이나 도전을 추구하며, 성인이 예상할 수 없는 상상을 초월한 놀이방법을 취하는 것은 자연스러운 행위」라는 것이 인정되었다.

역시 국교성 안전지침에서도「어린이는 다양한 놀이방법을 생각해내며, 놀이기구를 원래의 목적과는 다른 놀이로 이용하는 경우도 있다」고 언급하고 있어, 어린이의 놀이방법이 나쁘다고 했던 종래의 사고방식에서 리스크를 추구하는 어른들의 상상을 초월한 변형된 놀이방법도「놀이의 가치」의 하나라는 사실을 존중하는 획기적인 안전관을 보여주고 있다.

놀이의 주요요소인 모험이나 도전을 통한 위험을 추구하는 어린이의 본능이나, 어린이 본연의 놀이방법을 인식하면서도 구조상의 중대한 결함에 대한 책임을 묻는 박스형 그네에 대한 재판의 판결과 국교성 안전지침은 지금까지의 놀이터 만들기에 있어「안전」이나「위험」에 대한 사고방식에 지대한 영향을 미쳤다고 생각된다.

국교성 안전지침을 수용한 놀이기구 업계단체인 (사)일본 공원시설업협회는 공원놀이기구의 설계 · 작성을 위한 규준을 책정하고 안전대책 마련을 위한 수치기준을 정하고 있다. 3절 이후에 정원이나 교정 등을 포함한 광범위한 일반 놀이터의 설치 · 관리자를 위한, 그러한 지침이나 규준에 근거한 재미있고 안전한 놀이

칼럼 2

「Too Safe? (지나친 보호를 좋아하는 것이 아닌가요?)」

「자라보고 놀란 가슴 솥뚜껑 보고 놀란다」는 속담이 있는데, 구미에서는 놀이터의 사고방지에만 열중한 나머지 놀이터에서의 모든 위험을 배제하게 된다면 오히려 어린이를 위험한 환경에 내몰게 될수도 있다고 주장하고 있다. 왜냐하면, 어린이는 일상에서 작은 위험을 접하면서, 이런 저런 상처와 부상을 경험하게 됨으로써 위험에 대한 회피능력을 몸에 익혀 커다란 사고로부터 몸을 지킬 수 있기 때문이다. 여기에서 어린이에게 지나치게 안전한 환경은 오히려 부자연스러운 것으로 마이너스가 된다고 하는 문제가 제기되기 시작했다. 영국의 발달심리학자도 「Too Safe?」라는 유아교육서에서 「지나치게 안전한 환경은 오히려 어린이를 망치게 한다」고 경종을 울리고 있다. 이러한 상황 때문에 일본에서도, 어린이 환경학회가 중심이 되어 어린이가 체험하는 「가치 있는 위험」으로, 「리스크의 효용」에 관한 실험과 연구가 진행되고 있다.

리스크의 효용을 조사하는 실험용 놀이기구에 도전하는 어린이(좌 : 도쿄도 내 공원, 우 : 요코하마시 가와와 보육원)

터 만들기를 위한 구체적인 안전대책 마련을 위한 포인트를 설명하기로 한다.

놀이터의 중대사고와 「해저드」 | 2

1) 놀이터에서 일어나는 중대사고의 경향

놀이터의 사고방지나 안전대책을 실시할 때에는, 먼저 놀이터나 놀이기구에서 실제로 어떠한 사고가 일어나고 있는가를 이해해둘 필요가 있다. 국교성 안전지침은 놀이기구에서 일어나는 사고에 대하여 「놀이기구에 관련된 사고에는 충돌, 접촉, 추락, 끼임, 넘어짐 등이 있으며, 열상(裂傷), 타박, 골절 등의 상해를 입을

그림 4-1 놀이기구별 사고발생빈도(1975년-1990년)

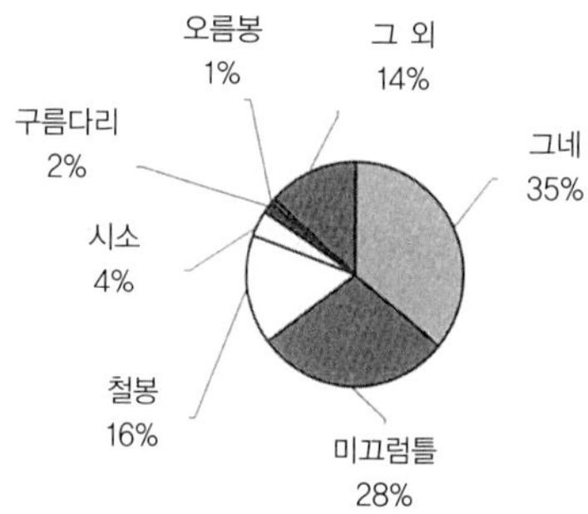

그림 4-2 연령과 사고빈도

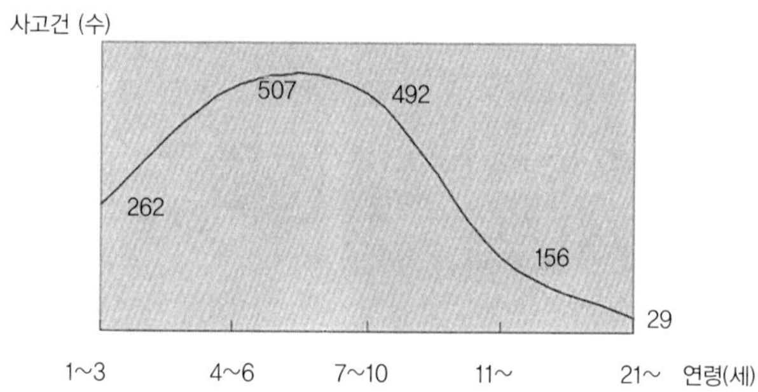

수 있다」고 서술하고, 또한 「사고의 상태로서는 ① 생명에 위험이 있는 중증 혹은 영구적인 장애를 입게 되는 경우, ② 중대하지만 영구적이 아닌 장애를 입게 되는 경우, ③ 가벼운 정도의 상해를 입는 경우의 3단계로 크게 나누고 있다. 특히 머리 부분의 상해는 심한 장해로 이어지는 경우가 있으므로 충분한 배려가 필요하다」고 나타나 있다.

그렇다면 놀이터에서 일어나는 중대사고란 어떠한 사고를 의미하는 것일까. 국민생활센터는 전국 각지의 병원에서 놀이터나 놀이기구에서 일어났던 사고에 대한 데이터를 수집하여 사고정보를 제공하고 있다. 이러한 데이터를 분석해보면 놀이기구별 사고발생빈도는 예전부터 인기도 높고 설치수도 많다는 이유에서 이기도 하나, 그래프에 나타난 것처럼 영유아의 경우에는 그네가 가장 많고 다음으로는 미끄럼틀과 철봉 등으로 사고빈도가 높은 것을 알 수 있다(그림 4-1).

굴러 떨어짐, 질식, 끼임, 충돌 등 중대사고의 원인

또 부상을 입은 어린이의 연령을 보면 신체활동이 매우 활발한 초등학교 입학 전후의 6세부터 초등학교 10세 정도를 최고점으로 하고, 그 이후에는 서서히 줄어드는 것으로 나타나고 있다(그림 4-2). 이와 같은 경향은 연간 수백만 건에 이르는 구미 공공기관의 방대한 데이터베이스에 따른 분석에서도 동일한 경향이 나타나는 것을 알 수 있다.

특히 국내외 놀이기구에 의한 중대사고를 분석해보면 가장 많은 사고원인으로 낙하, 충돌, 질식의 세 가지가 나타났다. 그 중에서도 가장 많은 것이 낙하사고이다. 미끄럼틀과 구름사다리 등에서의 낙하사고는 어느 나라에서든지 반수 이상을 차지하고 있고 가장 대중적인 사고원인이 되고 있다. 그리고 높이가 있는 놀이기구의 바로 아래나 주변이 콘크리트 · 아스팔트 포장이거나 딱딱한 흙이라면 굴러 떨어지거나 낙하에 의한 부상의 정도가 커질 것으로 생각된다.

다음으로 충돌사고는 어린이끼리, 놀이기구나 놀이기구의 난간 · 경계벽 등에 충돌도 일어날 수 있으며, 그네와 같이 흔들리는 놀이기구와의 충돌이 떨어짐 · 낙하의 뒤를 잇는 전형적인 사고원인이다. 특히 머리나 얼굴의 충돌은 중대사고로 이어지게 된다.

그리고 예상밖에 일어나는 것이 바로 질식사고이다. 놀이터의 놀이기구에서 질식사고가 일어난다고는 생각하기 어려울지 모르겠지만, 분명 심각한 사고원인의 하나로 인식되어 있다. 따라서 구미의 안전기준에서는 어린이의 머리나 신체가 끼일 것 같은 「해저드」를 놀이기구의 설계나 제조과정에 도입하지 못하게 하는 규정이 정해져 있다. 또 질식사고는 어린이가 등에 메고 있는 가방, 물통, 머플러, 후드티나 목 주변에 끈이 있는 복장, 머리에 달고 있는 핀이나 리본 등이 놀이기구의 끝부분, 갈라진 부분, 길게 튀어나온 나사 등에 말린다든지 걸려 당겨지면서 일어난 사례도 수 없이 많이 보고되고 있으므로 놀이기구 이용시에도 각별한 주의도 필요하다.

2) 중대사고의 원인 「해저드」

놀이기구에서 일어나는 중대사고의 주된 경향에 대해 설명하였으나 이러한 사고는 여러 가지 「해저드」의 요인들이 복합적으로 뒤얽혀 발생한다는 사실을 사고 데이터의 분석을 통해 알 수 있었다. 그러한 「해저드」 요인은 놀이터의 설계 및 설치단계, 안전관리나 유지관리 단계 그리고 어린이의 이용이나 보호자 등에 의한 감독단계 등 세 단계로 집약, 구분되어진다.

또한 국교성 안전지침도 「놀이기구에 관련된 리스크와 해저드」에 대하여 「놀이기구에 관련된 리스크와 해저드는, 각각 물적 요인과 인적 요인으로 나눌 수 있다. 예를 들어 보통 어린이가 뛰어 내려올 수 있는 놀이기구의 높이는 물적 리스크이고, 낙하방지용 난간을 넘어서 뛰어내리려 하는 행위는 인적 리스크이다.

한편 놀이기구의 부적절한 배치나 구조, 불충분한 유지관리에 따른 놀이기구의 불량은 물적 해저드이며, 부적절한 행동이나 놀이에 적합하지 못한 복장은 인적 해저드이다」라고 하고 있다.

이와 같이 구조 및 설치단계에서 「놀이기구의 부적절한 배치나 구조」와 유지관리단계에서 「부적절한 유지관리에 따른 놀이기구의 불량」을 「물적 해저드」라 하고, 이용단계에서 「부적절한 행동이나 놀이에 적합하지 못한 복장」을 「인적 해저드」라하여 그림 4-3과 같이 두 가지로 나누고 있다. 여기에서 각 단계에서 볼 수 있는 전형적인 「해저드」에 대해 부가설명을 하기로 한다.

① 설계 · 설치단계에서의 「물적 해저드」

설계 · 설치단계에서 발생하는 「물적 해저드」란, 떨어짐 및 낙하를 방지하기 위

그림 4-3 중대사고의 원인과 해저드의 분류

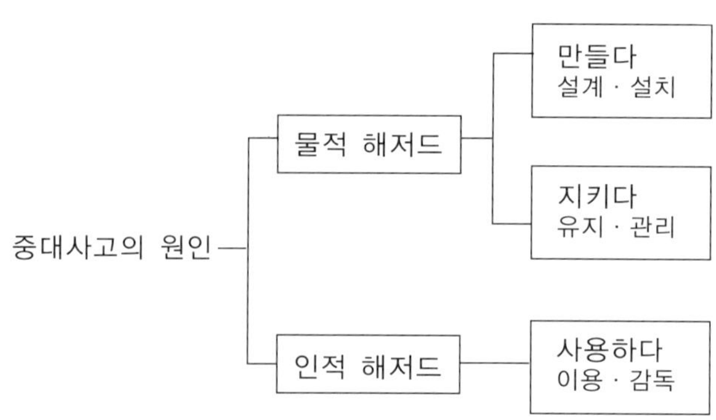

구조상의 Entrapment(덫) 등은 물적 해저드

한 경계턱이나 난간 등의 불합리한 구조, 머리나 신체의 일부가 끼어 질식의 원인이 될 것 같은 개구부, 또 떨어짐이나 낙하의 가능성이 있는 놀이기구의 주변이 콘크리트 · 아스팔트 포장 등 딱딱한 바닥면으로 되어 있는 경우를 뜻하는 것이다. 이와 같은 「해저드」는 제조 및 설치회사가 어린이 사고방지를 배려한 설계나 설치를 시행하는 과정을 통해 앞에서 언급했던 사고들을 없앨 수 있을 것이다. 국교성 안전지침 및 규준에 의거한 구체적인 안전대책 포인트에 대해서는 3절에서 자세히 설명하기로 한다.

② 유지 · 관리단계에서의 「물적 해저드」

목제 복합놀이기구가 이용 중 무너져 어린이가 그 아래 깔리게 되었다든지, 미끄럼틀의 금속지주가 기초부터 휘어지면서 떨어져 부상당하는 등 놀이기구의 노화에 따른 중대사고는 끊임없이 일어나고 있다. 왜냐하면 놀이기구는 제조 · 설치된 시점에서부터 비바람, 태양열, 자외선, 바다바람 등의 영향을 받아 녹슬거나 부식되는 등 노화가 생겨나기 때문이다. 또 놀이기구는 이용되면서 마모, 나사가 느슨해짐, 갈라짐 등의 현상도 일어나게 된다. 어쩔 수 없이 발생되는 노화현상은 「물적 해저드」에 해당되는 것이긴하나 적절한 유지관리를 시행하면 이러한 「해저드」는 없앨 수 있다.

로프가 마모되어 끊어지는 등 노화에 의한 물적 해저드

그런데 노화가 현저하게 진행되었음에도 불구하고 적절한 수리가 이루어지지 않는 놀이기구를 흔히 볼 수 있다. 이러한 놀이기구의 노화된 상태는 분명한 「해저드」이며 중대사고의 원인이 된다는 것은 말할 필요도 없다. 놀이터 관리자 뿐 아니라, 보호자와 지역주민이 평상시에도 지켜보거나 점검하고, 전문기술자에 의한 정기점검이나 정밀검사를 통해 노화로 인한 「물적 해저드」를 조기에 발견하여 적절한 유지관리를 시행한다면 미연에 사고를 막는 것은 충분히 가능하다. 국교성 안전지침과 규준에 따라 구체적 안전점검의 포인트에 대하여는 4절에서 설명한다.

③ 이용단계에서의 「인적 해저드」

놀이터에서 일어나는 사고는 「물적 해저드」만으로 발생되는 것은 아니다. 끈이

목도리나 가방을 몸에 걸치고 놀게 되면 그것이 바로 인적 해저드이다.

칼럼 3

사고정보에 대한 데이터베이스의 중요성

박스형 그네에서 똑같은 사망사고가 40년 이전부터 반복되어왔다는 것이 매스컴을 통해 보도되면서 사회문제가 되었다. 그리고 수영장 배수구에서의 사망사고도 20년 이전부터 자주 발생하고 있다는 점 역시 이슈가 되었다. 이와 같은 사고의 공통적인 문제점은 어린이가 많이 모이는 공원과 유치원, 보육원, 학교, 더욱이 공공스페이스 등의 관할관청이 복잡하게 얽혀 관할하고 있기 때문에, 사고정보가 일원화되어 수집되기 어렵고 대응도 관할하는 곳마다 각기 달라 사고에 대한 정보전달이 되지 않는다는데 있다.

한편 구미에서는 정부 사고 서베이런스 시스템(CPSC와 NEISS)에서 일원적으로 연간 수만건에 달하는 사고데이터를 분석 및 개선의 조언과 지도를 하고 있다. 유감스럽게도 아직 일본에서는 큰 사고정보의 수집, 분석 데이터베이스도 없으며, 제품의 사고정보를 수집하는 경제산업청의 외부기관으로서 국민생활센터가 존재할 뿐이다.

정부에서도 2009년까지 구미에서 견습한 사고 데이터베이스를 정비하고 있지만, 같은 중대사고가 반복되지 않으려면 하루 빨리 일원화된 사고 서베이런스 시스템의 정비가 필요하다고 하겠다.

나 줄이 목 주위에 감겨져 발생하는 질식사고 등과 같이 「인적 해저드」 요인이 더해짐에 따라 생겨나는 경우도 많다. 가방이나 목도리 등 가진 물건이나 복장 외에 연령, 체격이나 운동능력에 맞지 않는 놀이기구에서 노는 것도 「인적 해저드」가 된다. 특히 초등학교 입학 전의 어린이들은 스스로 위험을 판단하는 것이 충분치 못하므로 사고방지를 위해서는 보호자나 감독자가 놀이와 놀이터 상황을 지켜보는 것이 「인적 해저드」를 없애기 위한 매우 중요한 과정이다. 안전지침과 규준에 의거한 「인적 해저드」의 구체적인 안전대책 포인트에 대하여 5절에서 설명하도록 한다.

놀이터의 계획 · 설계 · 설치 포인트 | 3

공원이나 정원, 교정 등 놀이터의 설치 관리자는 그 계획 · 설계 · 설치에 있어 국교성 안전지침에 정해진 바와 같이 「놀이의 가치」를 존중하고 리스크를 적절하게 관리하면서 「물적 해저드」가 존재하지 않도록 해야만 한다. 또 새롭게 도입된 놀이기구의 구조에 관해서는 놀이기구의 안전기준인 (사)일본 공원시설업협회의 안전기준을 준수하지 않으면 안된다. 그러므로 계획 · 설계 · 설치단계에서는 이하에서 제시하는 각 항목에 대하여 안전기준에 근거한 진단을 실시하여 「인적 해저드」가 존재하지 않도록 하는 것이 안전대책의 주요 포인트가 된다.

1) 놀이터의 입지선정에 관하여

국교성 안전지침에는 「놀이터의 입지선정은 안전확보 차원에서 주변의 토지이용 등에 맞는 안전한 경로나 조망 등을 고려한 이용동선을 확보함과 동시에, 놀이기구를 설치하는 장소의 지형이나 놀이기구의 내구년한 등에 큰 영향을 미치는 환경조건을 배려하는 안전대책을 강구한다」고 서술되어 있다.

여기에서 놀이터로의 접근은 방범측면에서도 충분한 시야가 확보되어 있는가, 안전측면에서도 주위의 교통사정에 대한 배려가 이루어져 있는가 등에 더해 출입구 부분은 어린이가 뛰어나가기 어렵게 하는 배려가 충분히 이루어져 있는가, 더욱이 유모차, 휠체어 등을 포함한 모든 이용자가 접근할 수 있는가 등이 계획 포인트가 된다. 그리고 어린이가 노는 장소에 대해서는 환경측면에서의 안전성 및 쾌적성의 확보는 필수불가결한 요건이며, 일조, 통풍, 동식물 등의 환경조건도 놀이터 설치장소 선정시에는 충분히 검토해야 할 사항이다.

휠체어나 유모차로의 접근이나 이용이 편리하게 설계된 미국의 놀이기구

2) 놀이기구의 선정에 관한 주의

놀이기구의 선정에 대한 국교성 안전지침에는 「놀이기구의 선정은, 지역의 연령구성, 놀이터의 분포, 이용상황 등을 조사하여 지역의 수요를 근거로 이용하는 어린이의 연령구성에 맞는 놀이형태를 상정하여 종류나 규모 등을 결정한다. 놀이기구의 종류나 규모를 결정함에 있어서는 유아와 초등학생의 경우 운동능력이나 사고의 회피능력의 차이가 크기 때문에 해당 놀이기구를 이용하는 어린이의 연령층을 근거로 하여 놀이기구 자체나 각 부분의 길이 등을 검토한다. 또 무겁고 움직이는 놀이기구 선정에 있어서는 이용이 예상되는 어린이의 연령구성이나 놀이의 형태에 대하여 충분히 고려하고 신중을 기하도록 한다. 이에 더해 동시에 많은 사람이 이용하여 일어나는 사고를 방지하기 위해 인기가 있는 놀이기구에 대해서는 과밀하지 않는 범위 내에서 복수로 설치하는 것을 고려한다」고 되어 있다.

실제로 놀이기구는 각각 이용자의 연령층이나 체격 그리고 운동능력을 가정해서 설계되고 있다. 그러나 초등학생을 대상으로 하여 만들어진 놀이기구가 유치원과 보육원에 선정, 도입되고 있는 실정이며, 따라서 이 놀이기구가 유아의 체격에 맞지 않기 때문에 사고에 이어지고 있는 경우도 많다. 그래서 놀이터의 이념이나 목적, 또 이용자의 연령층이나 운동능력에 맞는 놀이기구를 선정하는 것은 사

학생용(좌)과 유아용(우)으로 나누어 배치되어 있는 놀이기구

고를 경감시킬 수 있다는 차원에서 매우 중요한 포인트가 된다. 그러나 일반적으로 놀이기구에는 대상연령 등이 표시되어지지 않은 것이 많으며, 겉모습만으로 대상연령에 대한 판단을 할 수 없는 경우도 있기 때문에 지금 당장 이용대상연령의 표시를 안전규칙에 도입시켜야 할 것 같다.

이와 관련된 국교성 안전지침에는 불특정다수의 이용이 예상되는 게다가 감독자 지도자가 상주하지 않은 놀이터에 박스형 그네나 회전탑을 설치하는 것은 중대사고에 이어질 「해저드」가 된다고 제시되어 있다. 이렇게 놀이터의 계획, 놀이기구의 선정단계에서부터 사고방지에 대해 고려하는 것이 필요하다.

3) 놀이기구의 배치 및 설치바닥면에 대한 고려

국교성 안전지침에 「놀이기구의 배치는, 놀이기구와 놀이기구 주변에 있는 어린이의 충돌사고 등을 막기 위해 놀이기구 주변을 포함한 이용동선이나 각 놀이기구의 운동방향을 고려한 안전영역 등을 배려해야 한다. 유아와 초등학생 모두가 이용 가능한 놀이기구도 있으나, 한쪽 연령층의 이용에는 적합하지 않은 놀이기구도 있으며, 부적합한 놀이기구의 이용에 따른 사고나 충돌사고를 피하기 위해서는 유아용 놀이기구와 초등학생용 놀이기구의 혼재를 피하는 등의 안전대책을 강구토록 한다. 이용하는 어린이가 낙하할 우려가 있는 놀이기구에 대해서는 딱딱한 바닥면 설치를 피하고 더불어 충격완화가 가능한 바닥면 설치에 대해서도 고려한다」고 되어 있다.

벽 사이 틈새에 설치되어 있는 놀이기구

놀이기구에 대한 배려로는 어린이가 놀 때 돌아다니는 동선이나 놀이기구 주변에 있는 벽, 난간, 나무 등의 장애물과의 간격을 고려한 배치를 생각할 수 있다. 예를 들면 그네나 미끄럼틀이 벽이나 난간에 가까이 설치되어 있다면 벽이나 난간에 충돌할 사고원인인 「해저드」가 될 것이다. 공원시설업협회의 기준에서는 놀이기구 주변에는 최소한 1.5m의 안전영역을 확보하는 것이 바람직하다고 되어 있다. 또 이용동선의 문제에 대해서는 그네의 진동방향(전후)과 미끄럼틀의 미끄러져 나오는 방향(활주부의 착지부분)이 동일선상에 마주보고 배치되어 있다면 어린이끼리 또는 어린이와 놀이기구의 충돌사고나 접촉사고가 일어나기 쉬우므로 충분한 주의가 필요하다.

충격완화를 위해 바닥에 우드칩을 설치한 예

그리고 놀이기구에서의 전락 · 낙하도 그 높이나 떨어지는 방법에 따라 다르나, 대부분의 경우 중대사고로 이어지고 있다. 그래서 부상을 당하더라도 가능한 한 작게 하기 위해서는 놀이기구의 설치바닥을 콘크리트나 아스팔트 등 딱딱한 포장으로 만들지 않도록 한다. 또 높이가 있는 놀이기구에서는 전락 · 낙하에 의해 머리나 경추 등에 받게되는 충격을 생각하면 흙이나 잔디 등 자연에 가까운 상태라 하더라도 「해저드」로 작용한다고 하겠다. 그런 이유로 그런 구미의 안전기준에서는 바닥에 떨어짐에 의한 충격을 완화하기위해서 일정한 깊이의 모래나 목재칩(나무 부스러기), 고무 등의 충격완화설치 바닥을 권장하고 있다.

4) 놀이기구의 구조에 관한 안전대책

놀이기구의 구조에 대하여, 국교성 안전지침에서는 「놀이기구의 구조는 전체가 어린이의 이용에 대응할 수 있는 강도를 가져야 하며, 특히 움직이는 놀이기구의 경우 기구전체의 구조만을 검토하지 말고 세부구조에 대해서도 움직임에 대응할 수 있는 강도를 갖도록 고려한다」고 하며, ① 얽힘 · 걸림에 대한 대책, ② 그네 등 놀이기구의 움직이는 부분과의 충돌대책, ③ 낙하대책, ④ 끼임에 대한 대책, ⑤ 그 외의 위험에 대한 대책, ⑥ 구조대책의 여섯 항목에 관련되는 안전대책 포인트를 제시하고 있다.

① 얽힘 · 걸림 · 당겨짐에 대한 대책

이것에 대한 대책으로는 의복의 일부 등이 얽히거나, 신체가 걸리기 쉬운 돌출부, 돌기나 틈새 등이 생겨나지 않도록 설계하지 않는 것이 포인트이다. 돌기의

걸림의 원인이 되는 나사의 돌기와 및 걸려 당겨질 우려가 있는 미끄럼틀의 미끄럼판

형태에 유의하며, 파묻거나 뚜껑을 덮는 등 여러 가지로 궁리하여 놀이기구에는 손·발·손가락 등 신체 일부나 의복 등이 걸려 당겨지는 일이 없도록 돌기나 돌출된 부분을 없애도록 해야만 한다. 왜냐하면 옷이나 목에 달린 끈이나 머플러 등이 돌출부에 걸려 당겨져 질식사고가 일어나는 일이 생겨나기 때문이다. 또 어린이 눈높이에 있는 돌기는 잘못하면 눈을 찌를 위험도 있다. 계단, 플랫홈(복합놀이기구나 아틀래틱(athletic) 놀이기구 등 높은 곳에 설치되어 있는 통로), 놀이기구 주변의 바닥면 등에도 돌기가 있다면, 어린이가 발이 걸려 넘어져 전도·전락하는 사고의 원인이 되기도 하므로 주의가 필요하다.

② 그네 등 놀이기구에서 움직이는 부분에 대한 충돌대책

「움직이는 부분에 대한 충돌대책」에서는, 먼저 끼임사고를 방지하기 위해 놀이기구의 움직이는 부분과 바닥 지면과의 적절한 여유(clearance)를 확보하는 것이 포인트이다. 또 국교성안전지침에 충돌에 의한 충격완화를 중요하게 다루고 있으나 이는 그네 등 놀이기구의 가동부가 아이와 충돌하게 되는 경우 바로 중대사고에 이어질 가능성이 높기 때문이다.

충돌대책의 예로서 (1) 움직이는 정도를 제어한다, (2) 충돌에 의한 충격완화를 위해, 앉는 부분의 소재를 고무 등 부드러운 재료로 하는 것 등을 생각할 수 있다.

이용지도가 이루어질 수 없는 공원에서는 부적합한 놀이기구로, 철거가 진행되고 있는 박스형 그네

실제로 구미에서는 그네의 앉는 부분은 충격완화를 위해 고무소재가 주로 사용되고 있다. 또 박스형 그네에 관해서도 바닥면과의 간격이 충분하지 못하기 때문에 신체가 끼어 사망 및 중대사고로 이어진다는 이유로, 일본 공원시설업협회의 안전규칙에서도 박스형 그네는 이용지도가 충분히 이루어지지 못하는 공원 등에는 「부적합한 놀이기구」로 규정하고 있다.

③ 낙하대책

낙하방지용 난간을 설치하고, 또 영유아가 간단하게 오르지 못하도록 발 디딤을 만들지 않는 것 등이 낙하방지를 위한 안전대책의 포인트이다. 낙하대책의 참고사례로 국교성 안전지침에서는, 계단이나 보통 아이들이 뛰어 내릴수 있는 높이를 초과하는 장소에서는 필요에 적합한 난간, 가드레일, 낙하방지용 난간 등을 설치하도록 하고 있다. 낙하방지용 난간의 구체적인 높이에 관해서는 어린이의 체격에 맞추어 부주의로 떨어지는 일이 없는 높이로 함과 동시에, 위로 올라서기, 앉기, 오르기, 빠져나가기 등이 가능하지 않도록 1m가 넘는 높이에 대해서는 70cm 이상의 난간을, 또 2m가 넘는 경우에는 110cm 이상의 난간설치를 안전규칙에서 규정하고 있다.

게다가 (1) 유아용 놀이기구는 오르는 높이를 낮추도록 한다. (2) 초등학생용 놀이기구는 첫 번째 계단을 유아가 오를 수 없는 높이로 한다. (3) 도중에 쉽게 내려갈 수 있는 수단을 마련하고, 탈출하기 쉽도록 구성한다. (4) 난간 사이 등으로부터 빠져나갈 수 없도록 한다. (5) 작은 단을 설치하고 지형을 활용하는 방법을 통해 높이나 낙하거리를 낮춘다. (6) 낙하 위험성이 있는 놀이기구의 아래 기

콘크리트 기초가 노출되어 있어 위험한 놀이기구

초부분은 노출시키지 않는다. 등이 국교성에서 제시하고 있는 안전지침 대책 포인트이다.

④ 끼임에 대한 대책

끼임에 대한 대책으로는 놀이기구에 신체의 일부가 빠지지 않도록 개구부나 틈새를 만들지 않는 것이 포인트이다. 머리나 목이 끼일 가능성이 있는 틈이나 공간을 「올가미」라 부르는데 이는 구조상 생겨나는 「해저드」로 각별한 주의가 필요하다. 유감스럽게도 실제로 두 개의 파이프가 만든 틈이나 횡목이나 판의 틈새 등이 올가미가 되어, 머리 혹은 헬멧이나 가방이 끼이는 사망사고가 수없이 일어나고 있다.

그래서 국교성 안전지침도, (1) 머리, 손가락, 신체 등이 끼일 것 같은 개구부나 틈새를 없앤다. (2) 미끄러짐, 흔들림, 낙하 등의 가능성이 있는 놀이기구에서 개구부의 튜브 또는 강관, 형태가 변하기 쉬운 틈에 손가락이 낄 것 같은 틈새공간은 없앤다. (3) 로프를 사용하는 경우 고정되어 있지 않은 끝부분을 고리형태로 묶어 놓으면 머리나 손발을 넣었을 때 조여질 우려가 있으므로 피할 것 등을 제시하고 있다.

특히 자신의 신체크기를 정확히 인식하지 못하고 개구부를 빠져나오려 하는 경우, 머리 혹은 다리 등 어딘가를 먼저 개구부에 넣었더라도 몸 전체가 통과해 나오지 못하지 경우가 발생한다. 따라서 이러한 공간이나 틈이 있다면 질식이나 경추부상 등의 중대사고를 불러일으킬 우려가 예상되기 때문에 중대한 「해저드」로 작용한다. 일본 공원시설업협회의 규준에서는 10cm 이상에서 23cm 이하의 개구부와 8mm 이상 25mm 이하의 틈을 만들지 않도록 정하고 있다. 그러나 이러한 올가미를 놀이기구의 설계 · 제조 단계에서 만들지 않는 것이 무엇보다 중요한 계획 포인트가 될 것이다.

⑤ 그 외의 위험에 대한 대책

걸려 넘어지지 않도록 놀이기구의 기초를 땅에 묻거나, 기초부분에 고무 등 충격흡수가 가능한 바닥을 까는 것도 안전대책의 포인트이다. 기초부분이 노출되어 있다면 넘어지는 사고의 원인이 된다. 특히 흔들리며 움직이는 놀이기구나 회전하고 있는 놀이기구 가까이에서는 놀이기구나 그 밖에 놀고 있는 어린이에게 부딪히는 사고가 발생되기 쉬우며 또 중대사고로 이어질 가능성이 높다. 그

놀이기구에 끼인 마네킹의 머리

노출되어 있는 놀이기구의 기초부분

그네 앉음판에 설치된 나사의 돌출부

리고 놀이기구를 설치할 당시에는 땅 속에 묻혀있었더라도, 기초 주변에 있는 흙이 놀이에 의해 파헤쳐 진다든지, 비에 쓸려가 노출되는 경우도 있으므로 기초부나 놀이기구 주변의 지표상태를 확인하는 것도 안전점검의 중요한 포인트이다.

또 놀이기구에 돌출된 끝단이나 예리한 각이나 테두리가 있다면, 잘리고 찢기는 부상의 원인이 되므로, 뾰족한 끝단은 만들지 말고, 각이나 테두리도 둥글고 매끄럽게 마무리해 주는 것도 중요한 포인트가 된다. 특히 첨예한 각이나 가장자리, 그네 등 움직임을 동반한 놀이기구에 어린이가 부딪히게 되는 경우에는 마치 칼날로 베이는 것과 같은 상황이 연출된다는 것을 기억해 둘 필요가 있다.

칼럼 4

안전기준에 따른 안전한 놀이기구!?

국교성 안전지침에 따른 안전한 놀이기구 제작을 위해, (사)일본 공원시설업협회는 놀이기구의 안전기준을 마련하였다. 그러나 유감스럽게도 놀이기구를 제작하고 있는 대부분의 회사들은 이러한 안전기준을 준수한 놀이기구를 제작하고 있다고는 할 수 없다. 그래서 안전기준을 준수한 놀이기구를 설치하기 위해서는 (사)일본 공원시설업협회에 가입되어 있는 국산 놀이기구 회사와 적어도 일정한 안전기준을 준수하고 있는 생산회사로부터 놀이기구를 구입하여 설치하는 것을 권장하고 있다. 모든 회사가 안전기준을 준수하는 놀이기구를 제작하도록 하기 위해서라도, 현 경제산업청이 중심이 되어 놀이기구 안전기준 JIS 규격화에 대한 추진이 지속되어야만 한다. 그러나 안전기준에 따른 놀이기구를 설치했다고 해도 놀이터 관리자가 안전점검 및 유지관리를 게을리 하거나, 이용상의 규칙을 무시해서는 안된다는 사실을 잊어서는 안된다. 컬럼 1에서도 언급했으나 사고의 경향이나 세계정세 변화에 영향을 받아, 정부의 지침은 변경될 수 있다는 것을 염두에 두어야만 한다. 특히 세계적인 흐름을 살펴보면 놀이기구 설치바닥의 처리에 관한 관심이 지대하므로 (사)일본 공원시설업협회의 안전기준을 포함한 그 이상의 변화가 주목되고 있다.

아울러 어린이 얼굴 높이에 있는 나사, 파이프, 횡목 등 돌출부위가 나타나 있다면, 어떤 순간에 충돌사고가 일어나 눈과 입, 치아를 때리게 될지 모르는 상황이 생겨날수 있으므로 각별한 주의가 필요하다.

⑥ 구조대책

구조대책에는, 「어린이 사고시 구조가 가능하기 위해서는 시설내부에 어른이 들어갈 수 있는 구조로 한다」는 사실이 중요하다. 긴급시에는 어른이 도와주거나, 구조할 수 있는 구조로 되어 있는 것이 포인트이다.

4 | 놀이터의 안전점검과 관리 포인트

1) 놀이기구 안전점검의 중요성

일단 놀이기구를 설치하면, 그 이후에는 아무것도 안해도 된다고 착각하여, 놀이기구가 노화된 상태로 방치되고 있는 경우를 흔히 볼 수 있다. 그러나 놀이기구도 자동차나 전기제품 등의 공업제품과 마찬가지로 사용하는 동안에 서서히 손상되거나 부서져가는 것이다. 또 실외에 설치되어 있는 놀이기구는 비바람, 태양광, 자외선, 조풍 등의 영향을 받으므로 그것만으로도 녹슬거나 노화가 진행되는 것은 당연하다. 그리고 사고원인 가운데 놀이기구의 노화에 의한 것이 전체사고의 대부분을 차지하는 것으로 나타나고 있다. 그래서 놀이터의 설치 · 관리자는, 상시 놀이기구의 상태를 점검하면서 살펴보는 등 세심한 유지관리를 시행할 필요가 있다.

국교성 안전지침에도 「점검순서에 따른 확실한 안전점검」이라는 항목으로 「놀이기구의 유지관리는 놀이기구 그 자체의 성능확보에 관한 점검과 수리를 하는 것에 그치지 말고, 어린이가 볼 때 안전하고 즐거운 놀이터인가 하는 관점에서 점검을 시행할 필요가 있다」고 언급되어 있다. 그래서 놀이기구의 구조가 원인이 되는 「물적 해저드」의 발견과 제거를 중심으로 확실한 안전점검을 시행함과 동시에 정기적인 보수 등 유지관리를 위한 유지관리계획의 책정과 실행을 호소하고 있다.

안전점검은 모든 유지관리 중에서 가장 기본이 되는 작업이다. 안전점검에는, 초기의 동작확인을 위한 제조 · 시공자가 행하는 초기점검, 관리자가 행하는 일상점검 및 정기점검, 전문기술자가 행하는 정밀점검이 있으며, 이것들을 확실히 시행하는 것이 중요하다.

더구나 공원이나 정원, 교정 등의 넓고 일반적인 놀이터 관리자가 실시하는 일상점검은 부식 · 부후, 변형, 마모나 부재의 소실을 발견하기 위한 것으로, 눈으로 확인하는 시찰이라고 하는 간편한 방법이 사용된다. 그렇기 때문에 이러한 점검은 놀이터 관리자만 할 것이 아니라, 보호자나 지역주민도 점검표(표 4-1, 참조). 등을 이용하여 점검에 참여하는 것이 좋겠다.

그리고 보호자나 지역주민이 발견한 놀이기구의 이상이나 「해저드」는 지체없이 수리, 보수가 이루어지지 않으면 안된다. 이를 위해서는 관리자의 연락처를 놀이터에 기록해 두는 것이 바람직하다고 한다. 일반적으로 공원이나 어린이 놀이터에는, 도나 시, 군, 면의 공원녹지과 등에서 관리하고 있으며, 정원과 교정은 유치원 · 보육원이나 학교 등에서 관리하는 경우가 대부분이지만, 집합주택 내의 놀이터와 같이 주택공급회사 등에서 관리하는 경우도 있으므로, 그러한 관리자가 누구인지를 이용자가 쉽게 알 수 있도록 해둘 필요가 있다. 매일 변화하고 있는 놀이기구의 상태를 시찰에 의한 안전점검을 하고, 이상이나 「해저드」를 각각의 관리자에게 보고하는 것이 사고방지에 직결되는 중요한 안전대책이기 때문이다. 따라서 이용자, 보호자나 지역주민의 감시와 안전점검에의 참여가 문제를 풀 열쇠가 될 것이다.

2) 노화나 오염 및 훼손에 의한 「물적 해저드」

놀이기구를 평소에 안전한 상태로 유지하기 위해서는, 시찰에 따르는 「일상점검」 외에 전문가에 의한 「정기점검」이나 「정밀점검」 등을 통해 다음과 같은 세 가지 전형적인 노화나 오염, 훼손에 의한 「물적 해저드」를 신속하게 발견하고, 사고가 일어나기 전에 수선을 해야만 한다. 따라서 점검을 통해 발견해야 하는 노화와 오염, 훼손에 대해 추가 설명한다.

① 부식 · 손상 · 마모에 의한 노화

놀이기구는 주로 금속, 목재, 플라스틱 등의 재료가 조합되어 만들어져 있다.

부식된 놀이기구의 금속지주

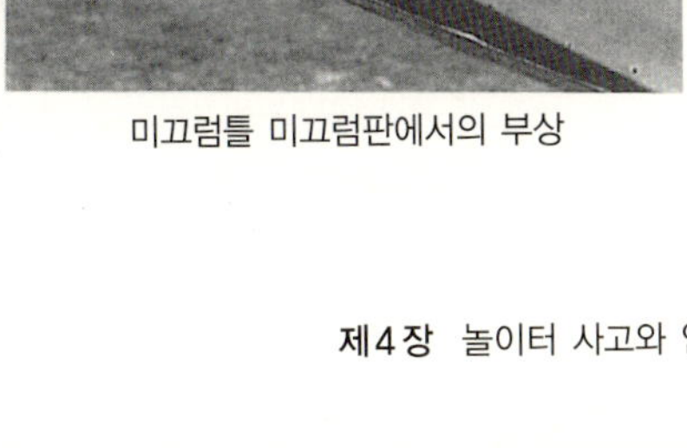

미끄럼틀 미끄럼판에서의 부상

목재나 금속 등의 안쪽에서 일어나는 부식은 겉모습만으로는 판단하기 어려우므로 전문가에 의한 정밀점검과 진단이 필수적이다. 특히 하중을 받는 기둥 · 자주는 설치 후 시간이 경과됨에 따라 어느 정도 노화가 진행되기 때문에 전문가에 의한 노화상태의 판단이 필요하게 된다. 사진의 사례와 같이 겉에서 보아 즉시 노화를 판단할 수 있는 상태라면, 서둘러 보수할 필요가 있다.

② 결락 · 결손 · 소실에 의한 노화

노화에 의해 난간이나 낙하방지책, 기둥 등 놀이기구의 일부가 결락 또는 결손되어 있다면, 전락 · 낙하사고에 더해 잘리거나 부러지는 부상의 원인이 된다. 또한 놀이기구 각 부분의 연결이나 고정에 사용되고 있는 나사나 볼트 등이 빠져있는 경우에도 놀이기구의 붕괴나 낙하 등 큰 사고로 이어지게 된다. 이러한「해저드」는 사고가 일어나기 전에 즉시 수리하는 등 적절한 관리를 시행할 필요가 있다.

스프링 놀이기구의 결손

시소의 연결나사 손실

③ 파괴나 낙서 등에 의한 오염 및 훼손

놀이기구는 자연에 의한 노화뿐 아니라, 파괴, 낙서, 불장난 등 인위적인 오염 및 훼손에 의해서도 노화가 이루어진다. 오염 및 훼손은 노후화 된 놀이기구가 위

불에 그을린 목재 놀이기구

부서져있는 놀이기구의 창

험하다는 사실뿐만 아니라, 그러한 인위적인 행위가 놀이터에서 이루어진다는 것 자체가 다른 범죄로 이어질 우려가 있는 중대한 「해저드」이다. 적극적인 관리가 이루어지고 있다는 사실을 알리기 위해서라도, 발견하는 즉시 오염 및 훼손된 부분을 보수해야만 한다. 또 방범상, 경찰이나 지역주민 등과 연계된 대처도 필요하다.

3) 발견된 「물적 해저드」에 대한 대처방법

국교성 안전지침은 「발견된 물적 해저드에 대해서는, 그 정도에 맞는 놀이기구의 사용제한, 보수 등의 응급조치를 강구함과 동시에 수리, 개량, 철거, 갱신 등의 항구적인 조치방법을 시급히 정하여 시행한다. 또한 응급조치를 꾀할 때에는, 영

표 4-1 놀이터의 해저드 점검표(Cheek List) 7 · 5 · 3

각 설문에서 「예」에 해당하는 항목에☑표를 해주세요. 「예」에 해당하지 않는 항목은 해저드로, 개선이 필요한 것입니다.

	체크항목	해저드가 존재하지 않는 안전한 상황인지 아닌지를 체크하는 설문	예의 경우에☑
Ⅰ. 놀이기구의 상황 : 7항목			
1	위치와 놀이기구의 선정	위치가 안전하다. 감독자가 없는 놀이터에 부적절한 놀이기구(박스형 그네, 유동원목)가 없다.	
2	배치와 설치바닥면	놀이기구의 배치가 사고를 유발하지 않는다. 떨어질 가능성이 있는 바닥면이 딱딱하지 않다(콘크리트 · 아스팔트).	
3	얽힘 · 걸림 · 당겨짐	놀이기구에 옷이나 몸의 일부가 얽히거나 당겨질만한 돌기가 없다.	
4	낙하 · 떨어짐	1m가 넘는 낙하높이의 놀이기구에는, 낙하방지책이나 난간이 설치되어 있다.	
5	끼임	계단, 난간 등에 머리나 목 등이 끼일 개구부(10cm 이상 23cm 이하)가 존재하지 않는다.	
6	놀이기구의 기초부	걸리거나 넘어짐의 원인이 되는 놀이기구의 기초부가 노출되어 있지 않다.	
7	끝 · 각 · 가장자리	놀이기구에 예리한 끝부분, 모퉁이, 가장자리가 없다.	
Ⅱ. 이용 상황 : 5항목			
1	이물 · 위험물	새끼줄, 끈이나 로프 등의 이물이나 위험물을 가지고 들어오거나 방치되어 있지 않다.	
2	의복이나 지참물	가방, 물통, 목도리, 줄 등을 몸에 걸친 채 놀지 않는다.	
3	지켜봄	유아가 놀고 있을 때, 적절한 감시가 되고 있는가?	
4	놀이기구의 대상 연령	이용 대상연령에 맞게 놀이기구를 이용하고 있다.	
5	주위환경	도로에 갑자기 뛰어 나가거나, 범죄피해 등 주위환경에 주의하고 있다.	
Ⅲ. 관리 상황 : 3항목			
1	부식 · 손상 · 마모	놀이기구에 부식 · 손상 · 마모 · 풀림 · 흔들림 등이 없다.	
2	결락 · 결손 · 손실	놀이기구에 결락 · 결손 · 소실 등이 없다.	
3	파괴 · 오염 · 훼손	놀이기구가 고의로 파괴되거나 낙서가 되어 있지 않다.	

칼럼 5

안전관리자 양성을 위한 세미나

공원이나 정원 등 놀이터의 설치 · 관리자가 놀이기구의 안전점검이나 유지관리를 시행하기 위한 지식을 습득하기 위하여 (사)일본 공원녹지협회와 (사)일본 공원시설업협회에서는 매년 전국 각지에서 「놀이기구 일상점검 강습회」를 실시하고 있다. 강습회에서는 놀이기구를 일상적으로 점검하기 위한 지식이나 관리자가 몸에 익혀야 할 안전대책에 대한 실무지식을 현장실습을 포함하여 1일 강습으로 가르치고 수료증도 수여한다. 실시 스케줄 등은 홈페이지에서 확인할 수 있다. 그리고 플레이그라운드 · 세이프티 · 네트워크도 안전관리자 양성세미나를 수시로 실시하고 있으니 문의하기 바란다.

구적인 조치를 모색하는 동안에 사고가 발생하지 않도록 문제현장의 관리에 유의한다」고 되어 있다.

놀이터의 관리자가 일상적인 점검을 통해 놀이기구의 이상을 발견한 경우, 전문가의 판단에 따라 노화상황에 맞는 보수 또는 철거하고 새로운 놀이기구로 교환하는 등의 조치가 필요하다. 또 그와 같은 작업 시에는 놀이기구나 놀이터의 이용중지를 포함하는 적절한 사고방지대책 마련도 필요하다. 이용상황에 적합한 정기점검을 기본으로 하고, 적절한 관리를 실시하는 과정을 통해 여러 가지 노화를 원인으로 하는 사고를 미연에 방지하는 것이 가능하며, 놀이기구의 수명을 연장시켜 보다 오랜 기간 안전하게 사용할 수 있게 되는 것이다. 따라서 놀이터의 설치 · 관리자가 자신의 눈으로 해저드 체크리스트(표 4-1)에 근거한, 노화나 오염 및 훼손에 관한 놀이기구의 안전점검을 정기적으로 실시하는 것이 유지관리의 가장 중요한 포인트이다.

5 | 놀이터의 안전이용 포인트

1) 「인적 해저드」에 대한 안전대책

공원이나 정원에서 놀이기구를 이용하는 경우, 어린이가 중대한 사고로 이어질 가능성이 있는 「인적 해저드」는 제거하지 않으면 안 된다.

「인적 해저드」라 판단하게 되는 포인트로는 다음과 같은 것이 있다.

- 놀이터나 놀이기구 주변에 로프나 체인 등이 방치되어 있지 않은가
- 유치원 및 보육원의 가방, 배낭, 물통, 목도리, 줄 등을 몸에 걸친 채 놀고 있지 않은가
- 벗겨지기 쉬운 신발이나 샌들을 신고 놀지는 않는가

공원관리자나 보육자는 물론이지만 보호자나 지역주민도 어린이의 이용상황을 확인하여 질식사고나 떨어지는 사고로 이어지는 「인적 해저드」를 없애는 것이 사고방지를 위한 필수사항이다. 「인적 해저드」에 의한 사고방지는 공원관리자나 보육자의 주의만으로는 부족하기 때문에, 특히 위험에 대한 인식과 판단이 충분치 않은 유아의 경우라면 더 더욱 보호자나 지역주민에 의한 어린이와 놀이터의 감시 및 관찰이 필수불가결하다.

국교성 안전지침에서도 「안전관리의 개발과 지도」라는 항목에서 「놀이기구에 관계된 사고를 미연에 방지하기 위해서는 놀이기구의 이용상황을 근거로 삼을 뿐 아니라 공원관리자와 어린이, 보호자나 지역주민간에 놀이기구의 안전확보를 위한 대책이나 상호 역할분담 등에 대한 공통적인 인식을 갖는 것이 중요하다」고 언급하고 있다. 그를 위해 공원관리자는 지방자치단체의 관계부서나 지역자치회, 지역주민과의 상호협력을 근간으로 하여 어린이나 보호자가 스스로 복장이나 놀이기구의 이상 유무에도 주의를 기울이는 등 도시공원에서의 안전하고 즐겁게 놀 수 있는 방법에 대하여 홍보 · 보급 · 개발이 필요하다는 사실을 지적하고 있다.

특히 영유아의 사고방지를 위해서는, 공원관리자나 보육자에 의한, 보호자나 지역주민을 대상으로 하는 어린이 안전이용을 위한 「인적 해저드」에 관한 개발은 효과적일 것이다. 따라서 놀이기구를 이용하는 경우에 중대한 사고에 이어질 가능성이 있는 「인적 해저드」와 보호자나 지역주민이 이해하고 배려해야만 하는 안전대책에 대해 설명하기로 한다.

① 다른 물건을 가지고 들어가거나 위험물을 방치하지 말자

놀이터에서 로프나 줄넘기 등 다른 물건을 가지고 들어오거나, 방치하거나 하는 「인적 해저드」에 의해 질식 등 2차적인 사고가 발생하고 있다. 이와 같이 놀이터에 있어서는 안될 다른 물건을 발견한 경우에는 발견자가 즉시 없애는 것이 관리 포인트이다.

또 유리나 금속조각, 큰 돌 등이 방치되어 있는 경우도 있다. 이것들도 베이고, 찔리고, 넘어지고, 떨어지는 사고로 이어질 가능성이 있으므로, 놀이기구를 이용하기 전에 바닥면 외에 놀이기구가 설치되어 있는 곳이나 통로 등을 확인하는 것도 중요하다.

놀이기구에 걸어놓고 간 줄넘기

줄넘기를 가지고 노는 어린이들

② 복장이나 들고 있는 물건에 의한 질식사고를 방지하자

물통이나 가방 등의 끈을 몸에 걸친 채 놀고 있는 어린이들

로프나 줄넘기 등과 마찬가지로 질식사고의 원인이 되는 「인적 해저드」로 주의가 요구되는 것은 어린이가 몸에 걸친 목걸이, 목도리, 자전거용 안전헬멧, 특히 후드나 끈이 달린 옷 그리고 유치원, 보육원 가방, 배낭, 물통 등이다. 이러한 끈이나 벨트를 머리나 상반신에 걸친 채로 놀다가 놀이기구 끝부분이나 나사의 돌기 등에 걸리거나, V자형의 균열에 끼이게 되면 목을 조르는 원인이 되는 것이다. 또 벗겨지기 쉬운 신발이나 샌들도 넘어지고 떨어지는 사고의 원인이 되는 「인적 해저드」이므로 주의한다.

③ 보호자나 감독자의 감시·관찰을 게을리 하지 말자

놀이터에서는 보호자, 인솔자나 감독자가 어린이 놀이나 움직임을 지켜보는 것이 사고방지의 기본이다. 특히 5세 이하의 어린이는 위험에 대한 판단이 충분하지 않기 때문에 적절한 지도나 감독이 항상 필요하다. 그러나 보호자나 인솔자가 대화에 열중하게 되어 어린이의 모습을 감시하지 못하는 광경이 연출될 수도 있다. 또 어린이의 체력에 과도한 기대를 갖고, 연령이나 체력에 적당하지 못함에도 불구하고 놀도록 하는 경우도 흔히 볼 수 있다. 이러한 상황은 중대사고로 이어지는 「인적 해저드」이다.

공원이나 어린이공원 등 대부분의 놀이터에 관리자나 감독자가 상주하는 경우는 많지 않다. 이 때문에 보호자나 지역주민이 「인적 해저드」에 대한 인식을 높혀,

어린이 놀이를 지켜보는 보호자들

중대사고로 이어지는 요인을 없애주는 것이 매우 중요하다.

④ 대상연령에 맞는 놀이기구를 이용하자

놀이기구는 이용하는 어린이의 연령층에 맞추어 대략 유아용과 초등학생용으로 나누어지며, 그 체격이나 운동능력을 가정하여 설계가 이루어져 제작되고 있다. 그러나 일반적으로 대상연령층이 표시되지 않은 놀이기구가 많고 겉모습만으로는 대상연령을 판단할 수 없는 경우가 있기 때문에 최근에는 사용대상연령에 대한 표시가 요구되고 있는 실정이다.

또한 유아와 운동량이 과격한 초등학생이 함께 섞여서 놀고 있으면 「인적 해저드」가 되어 충돌이나 굴러 떨어짐, 낙하에 의한 사고를 초래할 경우도 있으므로, 놀이기구의 대상연령을 파악하여, 연령대에 여유를 주면서도 어린이의 연령이나 운동능력에 적합한 놀이기구를 이용하여 놀도록 유도할 필요가 있다. 미국에서는 체격 및 운동능력의 차이가 큰 초등학생 입학 전후의 대상연령을 구분하여 놀이터 영역을 크게 둘로 나누는 배치방법이 주류를 이루고 있다.

⑤ 주변 환경에 대한 주의를 게을리 하지 말자

놀이터에서의 사고는 놀이기구에 의한 것만은 아니다. 개에게 물리거나 새(까마귀)를 잡으려 쫓아 가다가 넘어지는 사고도 자주 보고되고 있다.

그리고 놀이터에 오가는 것이나, 출입을 하는 입구에서 뛰쳐나가는 등에 의한 교통사고에 대해서도 넓게는 놀이터 사고라고 생각하고 사고방지의 대상으로 인식할 필요가 있다.

또한 어린이 놀이터에서의 안전을 생각하는 경우, 범죄에 의한 피해의 문제가 있다. 주변의 주택이나 도로에서의 보임(조망, 시인성)이 나쁜 놀이터의 놀이기구나 화장실 등에서는 공갈, 폭행이나 못된 장난을 당하게 되는 등 범죄에 말려들 우려가 있다.

사고 등 긴급시의 소방, 경찰이나 놀이기구의 이상에 대해 관리원에게 긴급하게 연락하는 방법도 알기 쉽게 표시해 둘 필요가 있다.

관리자나 보육자에게는, 보호자나 지역주민이 상기의 다섯 가지 「인적 해저드」나 안전점검에 관한 지식을 이해하고 실행할 수 있도록 「해저드 체크리스트」(표 4-1)를 이용한 안전교육이나 워크숍 등 개발활동의 실시가 안전대책 및 사고방지 일환으로서 요구된다고 하겠다.

2) 보호자 · 지역주민의 협력에 의한 「시찰」

① 보호자 · 지역주민과의 협력

놀이터에서 어린이들을 안전하게 놀도록 하기 위해서는, 놀이기구에 의한 「물적 해저드」 뿐만 아니라 주위의 환경을 포함한 여러 가지 요인이 「인적 해저드」로 작용하게 된다는 것을 충분히 인식하는 것이 중요하며, 보육자나 보호자는 어린이의 놀이와 놀이터를 감시 관찰하는 것이 안전대책의 주요 포인트가 된다는 사실을 알 수 있었다. 이를 위해서는 놀이터 관리자나 보육자에 의한, 보호자나 지역주민과의 협력이 무엇보다도 필수불가결한 것이다.

국교성 안전지침에서도 「어린이와 보호자 · 지역주민과의 협력에 따른 즐거운 놀이터 만들기」라는 항목에서 「도시공원에는 보통 공원관리자가 상주하지 않기 때문에 보호자 · 지역주민과 연계하여 어린이 놀이에 대한 공감대를 형성하여 안전한 놀이터 만들기에 몰두하는 것이 바람직하다」고 되어 있다. 그리고 보호자나 지역주민이 어린이 놀이나 놀이기구에 대해 관심을 갖고, 평소에 「감시 · 관찰」 하

놀이기구 점검을 위한 강연회(좌측: 다카라 보육원)와 보호자를 위한 워크숍(우측: 분쿄구 교육모리공원)

면서 적절한 주의를 환기시키는 등 적극적으로 관여하는 것이 중요하다.

이것은 공원에만 한정된 것은 아니다. 정원이나 교정에서도 그것을 관리하는 보육자나 교육자 그리고 보호자나 지역주민과의 연대나 관여 여하에 따라, 놀이터의 「안전점검」이나 어린이의 「감시 · 관찰」 등 주민참여에 대한 기대에 의존할 수도 있다. 이 경우의 「감시 · 관찰」이란 「떨어지면 위험하니까 그 놀이를 해서는 안 돼」라고 하는, 성장단계의 어린이가 도전하는 「리스크」까지도 없애려는 감시가 아니라 큰 사고로 이어지는 「해저드」를 제거하여 어린이가 자기 자신의 판단으로 도전하는 놀이를 「지켜보는」 것을 가리킨다. 한편 대부분의 보호자는 실제 어떻게 하면서 어린이를 「지켜보는」 것이 좋은지 잘 알지 못하며, 설마 자신의 아이가 놀이기구에서 부상을 입을 거라고는 생각하지도 않으며, 놀이터는 항상 안전하게 관리되어질 것이라 착각하고 있다. 그러나 매일 변화하는 어린이나 놀이터의 유지관리는 관리자나 전문가의 눈만으로는 충분하지 않으며, 보호자, PTA나 NPO 등 지역단체가 연계, 협동하여 「감시 · 관찰」 하는 것이 필요하다. 그리고 이러한 참여를 얻어내기 위해서는 그 중요성을 알리기 위한 안전교육이나 개발을 위한 워크숍을 실시하는 등 관리자 측의 노력도 필요하다.

② 뉴욕의 시민참여

뉴욕시에서는 보호자나 지역주민의 관심을 공원에 집중시키기 위하여 「공원에 어떤 문제가 있다면 공원과에서 할 수 있는 일을, 그리고 공원에서 자원봉사를 희망하는 분은 전화로 연락해 주십시오」라고 모든 공원에 알림판을 걸었으며, 무료통화 전화창구를 개설하였다. 설치 당시에는 불만이 많아 유감스러운 일도 있었으나 이러한 걱정과는 상반되게 지역주민들은 「우리들의 공원」이라는 감각이 싹트게 되어 현재는 수만 명의 시민들이 공원 자원봉사자로 등록하여 활동하고 있다. 또한 시민과 공원과의 파트너십을 돈독히 하기위해, 뉴욕시 공원재단에서는 「시민

주민신고와 자원봉사를 호소하는 뉴욕의 공원안내판

청소와 유지관리 등 공원의 자원봉사활동에 참여하는 시민들

원예강좌」에서부터 「지자체와의 교섭술」 등 다양한 워크숍과 강습회를 무료로 시민에게 제공하였다. 실제로 이러한 시민육성의 효과에 의해 지역주민의 자원봉사가 쓰레기 줍기나 정원가꾸기부터 점검활동에 이르기까지 여러 가지 공원관리활동에도 참가하여, 놀이기구의 이상이나 오염, 훼손 등을 보고하게 되었기 때문에 효율성 있는 관리가 가능하다고 지자체에서도 좋은 평가를 내리고 있다.

③ 플레이파크에 대한 협력

일본에서도 전국 각지에 지속적으로 확대되어 가고 있는 플레이파크 등의 모험놀이터에서는 「자신의 책임으로 자유롭게 논다」를 신조로 하여, 놀이의 중개자가 되는 플레이리더의 개입과, 지역주민의 협동에 의한 감시와 관찰 속에서 어린이들은 불이나 목공도구 등을 사용하면서 놀거나, 직접 만든 도전놀이기구에서 노는 것이 가능해졌다. 어린이들의 눈은 빛나고, 스스로의 한계에 진지하게 도전하면서 자유롭게 논다. 어린이가 리스크에 직면하면서 진지하게 놀고 있을 때에는 사고를 당하기 힘들다는 연구가 있으며, 실제로 플레이파크에서는 많은 리스크와 만날 수 있기 때문에 큰 사고는 일어나기 어려운 환경이 된다고 보고되고 있다. 이러한 플레이파크의 사례와 같이, 보호자나 지역주민이 협동하여 어린이와 놀이를 「감시 · 관찰」 함으로써 「놀이의 가치」의 하나인 선한 위험, 리스크에 도전 가능한 매력적이며 즐겁게 안전한 놀이터가 늘어나리라 기대한다.

지역 어른들이 감시, 관찰하고 있는 플레이파크

직접 만든 놀이기구에 호기심을 갖고 도전하는 어린이

칼럼 6

안전교육의 계발

이용자나 보호자의 놀이터 안전이용을 위한 교육·계발용 책으로 (사)일본 공원시설업협회에서 나온 「사이좋게 놀자 안전하게」나 플레이 그라운드, 세이프티 네트워크에 의한 「놀이터의 사고 방지활동 매뉴얼」 등이 있다. 이것은 홈페이지에서 무료로 다운로드 받을 수 있다. 또한 관리자용 전문서로서는 「놀이터의 안전핸드북」이 다마가와 대학출판부에서 나와 있다.

이러한 것들을 이용한 보호자나 지역주민용 안전교육이나 계발세미나 등을 실시하는 것으로, 주민의 참여의식을 높이는 것도 기대할 수 있다. 또 플레이파크에 관한 정보는 일본 모험놀이터 만들기 협회에 문의 하기 바란다.

제5장

보육에 대한 배리어프리(barrier free) 지역만들기

제5장

보육에 대한 배리어프리(barrier free) 지역만들기

1 보육에 대한 배리어프리[1]와 지역활동의 의의

1) 배리어프리 디자인의 움직임

1950년대에 덴마크의 뱅크 · 미켈센씨는 「장애자도 지역사회 속에서 생활할 수 있도록 해야 한다」는 사고방식 즉 「노멀라이제이션」이라는 말을 세계사회를 향해 내놓았다. 「근대사회는 강자 우선의 법칙에 따른 도태사회이었지만 그런 사회는 사회전체를 평가해 보면 역으로 붕괴되기 쉬운 것이다. 따라서 그보다는 고령자 · 장애자 등 약자도 보통 인간과 함께 할 수 있는 사회를 만들어, 그들의 자유를 보장하고 자립을 촉구하는 편이 사회전체가 강해질 수 있는 방법이다」고 하는 사상이다. 즉 다양한 사람 모두를 포괄하고 있는 것이 노멀한 사회라는 생각을 나타낸 것이다.

한편 일본에서는 1965년 전후를 기점으로 지역복지가 추진되기 시작하면서, 도시의 환경이 장애가 있는 사람들에게 불편함을 주지 않도록 하자는 지적이 일어나기 시작했다. 집에서 한 발짝 밖으로 나오면 도로는 울퉁불퉁하며 보행로와 차도 사이에는 단차가 있으며, 가드레일이 정비되지 않아 위험하고, 도로나 횡단보도 한가운데 있는 전신주가 휠체어 통행을 불가능하게 한다는 등 다양한 의견이 도출되었다. 또 공공건물의 경우 입구 부근에 계단이 설치되어 있어 현관 가까이 접근할 수 없으며, 휠체어 사용자를 위한 화장실이나 계단의 난간 그리고 엘리베

---

1) 배리어프리(Barrier Free) : 고령자 또는 장애인도 살기 편한 도시를 만들기 위해 물리적 · 제도적 장벽을 제거하는 것을 말함. 1974년 유엔 장애인생활환경전문가회의에서 장벽없는 건축설계(barrier free design)에 대한 보고서가 나온 이후 건축학계에서 사용되기 시작했으며 최근에는 주택 · 도로 등에서의 물리적 장벽뿐 아니라 자격과 시험 등을 제한하는 제도적 · 법률적 장벽, 텔레비전 · 신문 등 커뮤니케이션의 문화정보전달 장벽, 차별과 편견, 장애인 자신의 의식상 장벽까지 제거하자는 움직임이 미국 · 일본 등 선진국 사회에서 일고 있다.

이터도 없으며, 진입문의 폭이 좁은 등 장애자에 대한 배려가 전혀 이루어지지 않고 있음을 명백하게 알 수 있었다. 이와 같은 도시환경의 결함은, 지금까지의 도로나 공공건물에 대한 설계가 건강한 성인만을 이용대상으로 생각하고 있었다는 점에서 기인된 결과이다.

이러한 상황에 대하여, 생활환경에 대한 정비를 목표로 휠체어 사용자를 중심으로 한 장애자가 생활권 확대운동을 전개하기 시작했다. 이 운동은 점차 시민들을 포함하는 규모가 큰 운동으로 발전되어갔다. 정부의 시책에서도 1970년 제정된 「신체장애자 대책 기본법」에서 「국가 및 지자체에서는 교통시설과 그 외의 공공시설 이용에 편의를 도모하기 위하여 시설의 구조와 설치 등에 대한 적절한 배려가 이루어지도록 필요한 시책을 강구하는 것」(동법 제 22조)을 제정하였다. 이 조항은 1993년의 「장애자 기본법」으로 이어 내려오게 된다.

국제장애자의 해 10개년 행동계획이 종료되는 1992년 이후부터는 새로운 시책이 전개되도록 되었다. 다시 말해 지금까지는 각 지자체에서 복지환경정비요강으로 법적구속력이 비교적 약한 형태로 규정되어 있던 조항이, 각 지역에서 조례가 제정됨에 따라 변하기 시작했다. 얼마되지 않아 그러한 조례에는 건축기준법에 근거한 건축안전조례 개정안에 배리어프리에 관련된 조항으로 포함되게 된다. 이 움직임은 1994년에 제정된 「고령자 · 신체장애자 등이 원활하게 이용할 수 있는 특정건축물의 건축 촉진에 관한 법률(통칭 : 하드빌딩법)」, 2000년에 제정된 「고령자 · 신체장애자 등의 공공교통기관 이용을 통한 이동의 원활화 촉진에 관한 법률(통칭: 교통 배리어프리법)」으로도 이어졌다. 더구나 이들은 2006년 「고령자 · 장애자의 이동 등의 원활화 촉진에 관한 법률(통칭: 배리어프리 신법)」으로 통합되었다.

어린이와 함께 마을걷기 조사(지역 필드워크 활동)의 모습

2) 어린이 배리어프리의 특징

이와 같이 일본의 배리어프리는 장애자운동 속에서 싹이 트고 자라나서 이윽고 고령사회 도래에 따라 고령자를 중심으로 시책이 전개되는 양상을 보였다. 그러나 어린이에 관련된 내용을 살펴보면, 실은 초기단계에서부터 그 기록을 찾을 수 있다. 1970년의 신체장애자 복지심의회의 답신 중에 「건물 · 교통기관 · 그 외의 공공설비 · 구조가 신체장애자의 이용 편의를 충분히 고려하는 것은 단지 신체장애자의 편의에만 머무는 것이 아니라, 고령자 · 어린이 · 임산부 등의 편리한 이용으로 이어지는 것이므로, 장기적 안목과 관점에서 필요한 시책을 강구할 것」이라 명기되어 있다.

그 후 배리어프리 디자인이 지자체 조례나 법률로 자리잡아 가는 가운데 동일한 형식의 사고에 대한 서술이 보편화되어 간다. 그런데 구체적인 기술적 기준에 대해서는 거의 다듬어지지 못하고 있었다. 그보다는 물적인 환경정비라는 관점에서 보면 보육환경에 대한 정비나 지원은 일부의 보육시설이나 유치원 등을 제외하고는 거의 이루어지지 못하는 실정이었다.

그러던 중에 도쿄도가 2001년에 개정한 「도쿄도 복지마을만들기 조례」의 매뉴얼에서, 영유아를 대상으로 하는 「기저귀 교환대」, 「어린이용 의자」의 설치나 「수유실」 설치에 관한 언급이 이루어지게 된다. 이와 같은 조항은 위원이었던 한 어머니의 제안에 의한 것이었다. 그 후 법률이나 조례 해설의 매뉴얼 속에 어린이(영아 · 유아)에 대한 언급은 보편적 사항이 되었고, 현재는 공공시설이나 공공교통기관 및 백화점이나 대형 슈퍼마켓에 지금과 같은 다수의 어린이용 시설이 갖추어져 있는 것을 볼 수 있게 되었다.

3) 차세대 육성지원 중에서 배리어프리 환경조성의 필요성

이와 같은 상황을 살펴볼 때 지금까지 어린이 보육에 관계된 배리어프리 대책에 대해서는 수수방관하고 있었던 것 같다. 그 원인은 「불편은 일시적인 것이며, 때가 되면 문제는 해결된다」, 「불편은 근본적인 것이기 때문에 참아야만 한다」, 「예전부터 이러한 상태였기 때문에 당연한 것이며, 따라서 불편을 불편이라 생각하지 않는다」는 생각이 근본적으로 마음 속에 잠재되어 있었으며 또 그런 생각을 부정하지 않는 사회풍조가 있었다고 생각된다.

그러나 1999년 12월 발표된 신 엔젤플랜에서는 「거주지 조성이나 마을만들기에 의한 보육 지원」이 주요 지침의 하나가 되어 안전한 생활환경과 놀이터 확보를 위한 「커뮤니티 도로나 보차 공존도로 등의 정비 추진」, 「커뮤니티 도로나 범프 · 크랭크[2] 등을 전면적으로 정비하는 커뮤니티존의 형성사업 추진」, 「어린이의 시점에서 본 보행로의 보수 등의 개선 추진」, 「넓은 폭의 보행로 정비, 기존 보행로의 단차 · 경사 · 구배 등의 개선에 의한 배리어프리 보행공간 네트워크의 형성」, 「도시공원의 네트워크, 하천의 기능을 살린 놀이터의 정비」가 제시되었다.

더욱이 2004년 6월 「소자녀 사회 대책회의」에서 결정된 네 가지 중점과제의 하나로 「보육에 대한 새로운 지원과 연대」가 제시되었으며, 보육에 대한 배리어프리의 추진(건축물, 공공교통기관 및 공공시설 등에서의 단차 해소, 배리어프리 맵의 작성)이 제시되게 되었다.

이것을 구체적으로 시행하기 위하여 2004년 12월에 「소자녀 사회 대책회의에 근거한 중점시책의 구체적 실시계획에 대하여(어린이 · 보육지원계획)」의 「보육에 대한 배리어프리 등의 추진」에서는 구 하드빌딩법의 촉진, 구 교통 배리어프리법의 촉진 그 외에 구체적으로 여러 가지 항목이 제시되어 있다[3].

4) 당사자의 참여가 중요

이러한 사업을 효과적으로 추진하기 위해서는 역사적으로 보더라도 당사자의 참여가 결여되어서는 안 된다. 그래서 장애자나 고령자 등 이용 당사자가 주체가 되어 진행되어 왔다. 또한 당사자의 참가가 없다면 고려 자체가 이루어지기 어렵다고 한다. 반대로 고려되더라도 이용실태와 동떨어진 것이 된다는 사실은 지금까지의 배리어프리 역사에서 확실하게 나타나고 있다.

5) 보육에 대한 배리어프리 환경조성을 위해 이제부터 대체해야 할 것

보육에 대한 배리어프리는, 지금까지의 장애자나 고령자를 대상으로 한 배리어

---

2) 범프 · 크랭크(bump · crank) : 도로에 보행차량의 속도제어를 목적으로 장애물이 되도록 도로에 요철을 만들거나(범프) 도로의 일부를 좁게 크랭크형으로 굽은 부분을 만드는 방법.

3) 보행공간의 배리어프리화 촉진, 안전한 보행공간정비, 안전 · 쾌적한 도로교통환경의 정비, 도시공원의 배리어프리화 등의 추진, 하천공간의 배리어프리화 추진, 해안보전시설의 배리어프리화 추진, 보차분리식 신호의 운용 추진, 건축물에서 사고방지대책의 추진, 극장 등에서 영유아 동반을 배려한 구획된 관람실의 설치 촉진, 보육 배리어프리 의식개발 등의 추진, 운송분야에서 보육지원활동의 추진, 보육에 필요한 제품의 안전성 확보. 그 외에 「어린이 안전의 확보」에서는 어린이를 범죄 등의 피해에서 지키기 위한 조직의 추진, 「안전 · 안심 마을만들기 추진」이 제시되고 있다.

프리의 시점과는 다른 측면을 가지고 있다. 이것은 매우 중요한 사실로, 단순히 고령자나 장애자의 배리어프리 환경이 정비되어 있다고 해서, 어린이에 대한 배려도 자연스럽게 이루어졌다고 생각할 수는 없다.

어린이가 안전 · 안심 · 쾌적하게 생활할 수 있는 환경을 만들기 위해서는, 부모의 관점에서 본 보육하기 쉬운 환경과, 어린이의 관점에서 본 생활하기 편리한 환경 모두를 고려해야 한다는 것은 너무도 당연한 일일 것이다. 부모의 관점에서는 안전한 거주환경을 정비하고, 불특정다수의 사람들이 이용하는 건물에 수유실을 정비하는 등이 해당된다. 어린이의 시점에서 보면 소위 지금까지 이루어져 왔던 배리어프리 외에 어린이 놀이터의 정비, 방범측면에서 생활환경의 정비 등이 포함된다. 게다가 이런 것들은 서로 밀접하게 연계되어야 비로소 효과를 기대할 수 있는 것이다.

2 보육에 대한 배리어프리와 지역 필드워크 활동

1) 지역 필드워크 활동이란 무엇인가. 그리고 그 정의는

어린이 스스로 혹은 어린이를 데리고 있는 보호자에게 안심 · 안전하고 게다가 즐겁게 살기위한 마을만들기가 되어 있는가 아닌가를 평가하는 수법은 아직 충분히 확립되지 않았다. 그것은 이용자 수요에 근거한 충분한 검증이 이루어지지 않았기 때문일 것이다. 더욱이 시설이나 설비뿐 아니라 지역사회환경에 대해서도 동시에 검증해 볼 필요가 있다.

어린이를 키우고 있는 부모의 의식조사를 보면 「아이를 데리고서는 좀처럼 외출하기 어렵다」라는 점이 보육에 대한 부담감으로 이어지고 있다는 회답이 많다는 것을 알 수 있다. 아이를 낳고 키우기 쉬운 사회환경 만들기를 진행해가는 차세대 육성지원을 추진함과 동시에, 지역의 안전을 포함한 보육환경에는 어떠한 정비 · 개선이 필요한가를 어린이나 부모의 시점에서 명확히 파악해 두는 것이 절실한 과제이다.

「어린이 · 보육에 대한 지원계획」에서는 「보육에 대한 배리어프리 의식 계발 등의 추진」이 목표로 제시되고 있으며 「시, 군과 지역주민이 협력하여 영유아와 그 부모가 외출할 때 놀이터, 수유 코너 및 임시위탁을 시행하는 장소 등을 표시한 안내지도를 작성하여 보육가정에 배포하는 노력이나, 임산부와 어린이 및 어린이와 동행하는 사람이 안심하고 외출할 수 있도록 주위에서 배려하는 마음과 행동을 촉구하는 의식계발을 추진한다」는 계획 취지가 명시되어 있다. 이러한 시도를 이후, 전국 각지로 전개해감과 동시에 실태조사의 분석내용을 기초로 마을을 점검하게 되는 경우 체크 포인트로 제시할 필요가 있다고 생각한다.

이것에 의해, 지금은 다른 지역에서도 주민참여에 의한 지역필드워크 활동이 가능하게 되었고, 게다가 보육에 대한 배리어프리나, 어린이 방범, 사고예방에 대한 주민의식을 환기시키는 것이 가능해졌다고 생각한다.

2) 지역 필드워크 활동의 실시에 대하여

① 제 1단계 : 조사에 관계되는 사람들의 조직 만들기

이와 같은 조사는 행정기관(아동복지계, 토목 · 공원 · 건축계)에서 시행하는 경우라면 아동기관이 주체가 되어도 좋을 것이다. 또한 사회복지협의회라고 하는 지역복지를 주민과 함께 생각하는 조직에서 시행해도 좋고, 혹은 어머니를 중심으로 하는 그룹이나, 중고등학생이라도 좋을 것이다. 이와 같은 사람들이 협동하여 조사할 수도 있고, 경우에 따라서는 전문 조사기관이 이들과 함께 조사를 시행할 수도 있을 것이다. 누구라도 이 조사의 주체자가 될 수 있다.

단 어머니 · 영유아 · 초중학생 등 당사자가 조사주체의 중심이 되어 자연스럽게 발언할 수 있는 기회를 만들어 주는 것이 중요하다. 또한 부모의 활동을 지역사람들이나 전문가 그리고 행정기관이 지원하여 「사회전체에서 보육을 지원한다」고 하는 느낌의 움직임이 생겨나도록 하는 것이 좋다.

그 이유는 지금까지도 많은 배리어프리에 관한 조사나, 실제로 건축물의 설계 · 시공이 이루어져 왔으나, 당사자가 참여하지 않아 적합한 정비가 되지 못한 경우도 있기 때문이다. 당사자의 생활모습을 구체적으로 정비에 반영하려면 무슨 일이 있어도 당사자의 참여가 결여되어서는 안된다.

② 제 2단계 : 보육에 대한 배리어프리 지역 필드워크 활동을 시작하기 전의 사전논의

구체적인 조사에 들어가기 전단계로, 참가자에게 조사목적을 충분히 이해시키기 위한 논의가 필요하다.

(1) 일상생활 속에서 느끼는 불편 · 부자유에 대해 가능한 한 많이 찾아내는 것부터 시작하는 것이 좋다. 그런 항목을 견출지에 적어놓고 메모지 위에 내용을 정리하면서 붙여간다. 이 단계에서는 찾아낸 불편 · 부자유에 관한 항목은 끝까지

버리지 말고 모아둔다.

(2) 어떤 공통된 사항(도로, 쇼핑 등)에 관련된 불편 · 부자유를 다시 한번 참가자끼리 논의하여 배리어프리에 대한 공통적인 이해를 구함과 동시에, 조사대상으로 할 것인가 아닌가에 대한 판단을 한다. 이 경우 조사시간에 제한이 있으므로, 대상항목에 우선순위를 정할 필요가 있다.

(3) 조사시간은 대략 1시간~1시간 30분 이내로 하고, 특정한 조사장소와 코스선정을 한다. 이때 지역의 특성 등(예를 들면 구릉지로 언덕이 많고, 한랭지로 겨울에는 눈이 많으며, 보육에 대한 지원활동이 활발하게 이루어지고 있다는 등)이 있다면, 그 특성이 조사를 통해 확실해지도록 지도를 펼쳐서 구체적인 조사코스를 확인한다.

③ 제 3단계 : 조사활동실시에 있어서 검토해야만 하는 것

(1) 조사활동에 참가하는 사람들

참가자는 다양한 사람들로 구성하는 것이 좋다. 참가자수가 많아지게 되면 의견이 많이 나와 조사시간이 대폭 늘어날 것으로 예상된다. 따라서 어린이를 데리고 있는(유모차 포함) 어머니 7~8인이 하나의 그룹을 구성하도록 하고, 그것을 초과하는 경우에는 별개의 그룹을 구성하게 하여, 동일한 형태의 조사를 시행한다면 질 높은 조사가 될 것이다.

참여하면 좋을 것이라 생각되는 사람들(한 그룹 마다)은 다음과 같다.

■ 유모차(baby car)를 사용하고 있는 보호자

지금까지 유모차는 배리어프리 조사에서 그다지 중시되지 않았다. 그 이유는 휠체어사용자를 고려하게 되면, 자연스럽게 유모차의 요구에 대응할 수 있다고 생각했기 때문이다. 그러나 실제로 그러한 검증은 이루어져 있지 않다. 그러한 이유로 유모차를 사용하는 보호자가 배리어프리 환경조사에 참여하는 것은 반드시 필요하다. 더욱이 유모차를 밀고다니는 보호자의 경우에는 또 한명의 아이가 있는 경우가 많으므로, 불편 · 부자유의 문제가 다른 형태로 존재할 것이라 생각된다. 그것을 검증하기 위해서도 첫째의 손을 잡고 유모차를 밀고다니는 보호자의 참여가 있다면 더욱 좋을 것이다.

■ 영아

일단 5~6세의 어린이를 대상으로 한다. 어른을 대상으로 하여 설계 · 시공된 현재의 생활환경이 어린이에게 어떠한 불편 · 부자유가 있는가를 조사하기에 적합한 연령이라고 생각된다. 이 연령은 필요에 상응하는 질문을 하면, 어느 정도 답을 얻을 수 있는 연령이기 때문이다. 당사자의 의견으로서도 중요한 내용을 이끌어 낼 가능성이 있다.

■ **초등학생과 중학생**

보행로, 공공건물 등의 조사나 놀이터 등에서의 조사에서는 이 연령도 빼놓을 수 없다.

(2) 조사시에 준비해야 하는 것

기록은 비디오 카메라를 주로 이용하고, 즉석 카메라, 휴대용 카메라 등을 보조적으로 사용하여 화상으로 기록함과 동시에, 어머니와 아이들의 이야기를 가능하면 문서로 기록해두고 나중에 여러 사람들에게 보여주도록 한다.

■ **비디오**

조사를 시행하는 동안에는 비디오 카메라를 도중에 끄지 말고 항상 녹화상태로 놓아두면, 시간경과를 알 수 있을 뿐만 아니라, 음성이 기록되므로 현지에서 메모를 할 필요가 없다.

■ **휴대용 카메라, 즉석 카메라**

지역 필드워크 활동 후 함께 모여 대화를 하는 경우, 조사내용을 보다 명확하게 기억해내는데 도움이 되도록 제시할 수 있는 화상이 있다면 좋을 것이다. 당장 확인해 볼 필요가 있으므로 즉석 카메라나 휴대용 카메라의 영상을 그 논의장소에서 볼 수 있다면 좋을 것이다.

(3) 기록작성

• 화상에 의한 기록과 함께, 각각의 사항마다 메모를 해둔다. 시간의 경과에 맞추어 기록한다.

• 어머니들의 의견뿐 아니라 어린이들의 의견도 기록하도록 한다. 기록을 할 때는 발언자의 소속(예를 들어 '유모차를 밀고 다니는 어머니', '초등학교 저학년' 이라는 표현으로)도 함께 기록해두는 것이 좋다.

(4) 테이블 위에 지도를 펼쳐 놓고 의논한다

조사가 종료된 시점에서 모두가 한자리에 모여, 조사를 되짚어 보는 것이 중요하다. 지도 위에 조사한 장소를 나타내고, 비디오, 즉석 카메라, 디지털 카메라 등의 화상을 보면서 신경이 쓰였던 것, 의견, 개선을 위한 구체적 제안을 도출하는 과정을 통해 의견집약을 도모한다. 주체자는 모두의 의견을 모아가면서 정리한다.

그러면 이제 실제로 모두가 활동해 본 결과에 대해 이야기 해 보기로 하겠다.

3) 실시 프로그램의 개요

2005년도에, 전국 각지에서 활동 중인 보육지원단체의 협력을 얻어, 실제로 마을을 걸어보고, 구체적인 지역 필드워크 활동을 통해 어린이 · 영유아를 동반하고 외출하는 경우에 어떠한 장애가 있는가에 대해 실태조사를 했다. 그때 실시했던 방법과 주요 결과에 대해 설명하기로 하자.

처음에는 각지의 실시단체를 대상으로 「보육에 대한 배리어프리 지역 필드워크 활동」에 대한 사전설명과 연구모임을 했다. 여기에서는 앞에서 설명했던 「보육에 대한 배리어프리」란 무엇인가에 대해 설명하고, 과거의 하드빌딩법 및 교통 배리어프리법 등 도시정비에 관한 현재의 대처실태를 설명하고, 지역 필드워크 활동의 필요성을 이해시켰다.

자기 주변에 있는 위험과 불편한 점을 어떻게 발견하는가에 대해서는 과거에 타 지역에서 활동을 했던 상황 등의 사진을 보면서 생각해보도록 하는 것도 좋을 것이다. 그리고 그러한 것을 발견하기 위한 활동관점을 모두가 확인하고 기억해 둔다면 좋을 것이다.

이러한 설명을 들은 후, 실제로 자신들의 지역에서, 어떠한 장소를 실제로 걸어

사전 연구모임의 모습. 이러한 강의형식 외에 퀴즈형식으로 행해지는 곳도 있다. 간담회 형식 등도 좋을 것이다.

보는 것이 좋을까에 대해 참가자 스스로가 검토하여 확대된 지도에 표시하도록 했다. 어린이를 데리고 걷는 경우도 있으므로, 천천히 걸어 약 1시간 정도의 거리가 적당하다. 배리어프리의 관점에서 도로 등에 관심이 집중되는 경우가 많은 것 같다. 참가자는 한 그룹당 주변에 동행하는 어린이를 포함하여 10명 이내를 기준으로 하고, 어린이의 동행패턴이 다양하다면 더 좋을 것이다. 예를 들면 어린이를 업고 있는 경우, 유모차, 아이의 손을 잡고 보행하는 경우, 또 유모차를 밀면서 어린이 손을 잡고 보행하는 복합패턴도 실제 생활모습에서 자주 발견되는 형태이다. 지역 필드워크 종료 후에 30분 정도, 되짚어 의견을 교환하기 위하여 아동기관이나 지역집합시설 등의 교실 하나를 빌려 이용할 수 있다면 좋을 것이다.

다음에는 다른 날 실제로 조사범위를 결정한 후 지역 필드워크를 실시하도록 한다. 어린이와 마을을 걸으면서 어린이나 어린이를 데리고 다니는 경우에 안전 · 안심 · 즐거운 마을에 대하여 점검을 해나간다. 종료 후에 다시 되짚어보고 의견교환을 한다. 현재까지는 구체적인 체크표와 같은 것은 사용하고 있지 않다. 체크표를 사용하면 아무래도 통로의 단 차이나 폭 등과 같은 「기록하는 것」에만 관심이 집중해버려, 그 이외의 것에는 신경을 쓰지 않게 되기 때문이다. 그보다는 마을을 걸으면서 신경이 쓰였던 여러 가지 점에 대해 자유로운 의견을 받는 편이

마을걷기 조사 후의 재검토와 의견교환. 이러한 것은 끝난 후 날짜를 넘기지 말고 바로 시행하는 것이 바람직하다. 걸어갔던 장소의 지도와 촬영한 즉석사진을 붙이고 감상을 써넣어 간다.

새로운 발견을 많이 이끌어내는데 도움이 된다.

현재는 시행단계에 있기 때문에, 누구도 보육에 대한 배리어프리 환경조건을 명확히 알고 있을 리는 없다. 그러나 전국에서 이러한 조사를 반복하는 동안에 차차 그 전모를 알 수 있게 될 것이다. 지역 필드워크 활동의 목적은 제 1단계로서, 그와 같은 필드워크에서 얻어지는 결과를 토대로 하여, 필요로 하는 환경을 명확하게 해가는 데 있다. 더욱이 이후에는 이렇게 얻어진 보육에 필요한 환경조건을 체크표로 작성하고, 이것을 전국 각지에서 이용하여, 각 장소가 체크표의 수준에 도달하고 있는 가를 점검하는 단계로 발전해가길 기대해본다.

4) 지역 필드워크 활동에 의한 마을의 조사결과

지금부터 소개하는 것은 2004년도에 나미오카시(아오모리현), 시라이시시(미야기현), 세타가야구(도쿄도), 히로시마시, 사이키시(오오이타현)의 5개소에서 행해진 지역 필드워크 활동의 결과를 기초로, 거기에서 얻어진 요점을 정리한 것이다. 대도시, 지방도시라고 하는 지역특성 외에 폭설지역, 구릉지역 등 다양한 기후조건이나 지형에 따라 독특한 지역특성이 나타나고, 지역에 따라서도 여러 가지 문제점이나 수요가 있는 것을 알 수 있다.

① 보행로

공통점은 보행로, 보차도 사이의 경계, 교차점, 미끄럼 방지가공 보행로, 유도블록을 포함한 보행로의 표면에는 요철이 있어, 영유아는 물론 유모차가 이동하기 매우 어려우며 때때로 위험을 느낀다는 사실이다. 단차가 커서 유모차를 들어 올려야 할 때도 있다. 또 주차 중인 자동차, 자전거, 보행로 위에 상점에서 내놓은 부스, 상자, 간판 등이 어린이의 시계(視界)를 제한하게 되고, 역으로는 자동차 운전자가 어린이를 보기 어렵게 만들어 매우 위험한 상황이 연출된다. 오히려 자동차 · 자전거 · 보행자가 공존할 수 있는 길이 있다면 좋을 지도 모른다. 그러나 한편으로 보행자에게 쾌적한 도로나 자동차가 없는 도로 등은 주간에는 쾌적하나 야간에는 무서울 수 있으므로 진중한 배려가 필요하다. 조사 후의 재검토 논의에서는 다음과 같은 의견이 나왔다.

- 보행로의 표면이 울퉁불퉁해서, 어린이 발이 걸리거나 유모차의 이동이 힘들다.
- 보행로와 차도의 높이차가 커서, 유모차 이동이 곤란하다.
- 그레이팅의 격자형태가 보행방향과 평행으로 되어 있어 차바퀴가 끼인다.

도로가 좁기 때문에 차량이 보행로 측에 주차되어 있다. 따라서 포장도로 위에 주차된 차량을 도처에서 볼 수 있다. 조사는 사람들의 왕래가 적은 낮시간에 시행되었으나, 저녁이 되면 교통량은 더욱 증가된다.

- 유모차를 들어 올려 단차부분을 통과해야 한다.
- 보도상에 놓여진 간판, 이발소의 선전용 회전등 등이 도로폭을 좁게 만든다.
- 보행로와 차도의 구분이 확실하지 않다.
- 수목에 설치되어 있는 철제그레이팅(수목보호대)에 유모차 바퀴가 걸린다.
- 신호등이 설치되어 있지 않은 횡단보도는 위험하다.
- 철도건널목의 보행부분은 폭이 좁기 때문에 유모차가 지나가기 어렵다.
- 안내 사인계획이 명확하지 않아, 어린이를 데리고 있는 사람을 위한 시설이나 설비가 있음에도 불구하고, 어디로 가야 할지 알 수 없다.

보행로가 확보되어 있어도 폭이 좁아, 서로 엇갈려 걸어야 하는 어려운 상태이다. 어린이는 보행로 밖으로 나가고 만다. 보도블록이 맨홀덮개를 피해 설치되어 있어 보행자나 유모차도 그것을 피해가지 않으면 안된다. 사진에서는 차의 진출입을 위해 보도가 심하게 경사져 있다. 보행자를 위해 만든 통로인 것 같기는 하나….

보행로의 폭은 충분하나 버스정류장이 있으면 지붕을 받치고 있는 기둥이나 안내판 그리고 벤치가 놓여있기 때문에 유모차가 지나가기 어렵다. 시각장애인 유도블럭 위를 지나갈 수밖에 없다.

도로(보행로) 부분으로 밀려 나와있는 상품과 간판 때문에, 보행로의 일부가 전용되었다. 걷고 있을 때에는 그다지 신경이 쓰이지 않지만 유모차는 물론 어린이를 데리고 걸을 때에는 어린이가 상품에 부딪히지 않도록 차도쪽으로 걷도록 유도하게 되어 매우 위험하다.

최근에 만들어진 보행로는 차도부분과의 사이에 단차가 없도록 만들기 때문에 차량이 진입하지 못하게 사진과 같은 경계석을 두고 있다. 또한 배수구의 그레이팅 그물눈의 간격이 커서, 유모차가 지나가기 힘들며 우회하는 것도 곤란하다. 그리고 어린이는 반드시 그 위를 걸으려 하기 때문에 데리고 있는 보호자는 차도 측으로 떨어지지 않을까 항상 조바심을 내거나 스스로 차도쪽으로 나오게 된다.

보도를 걷다 보면 이와 같은 단차를 여기저기에서 발견하게 된다. 보행자에게도 위험한 장소라 생각된다.

차도와의 분리를 위한 가드레일이 파이프 형태로 되어 있다. 여기에 어린이가 앉거나 올라가거나 하면 차도 쪽으로 떨어지지 않을까 조마조마했던 경험이 있었다고 한다. 유색 블록포장과 시각장애자 유도용 블록과 구별하기 어렵다(유도용 블록은 가드레일과 평행하다는 점만 다르다).

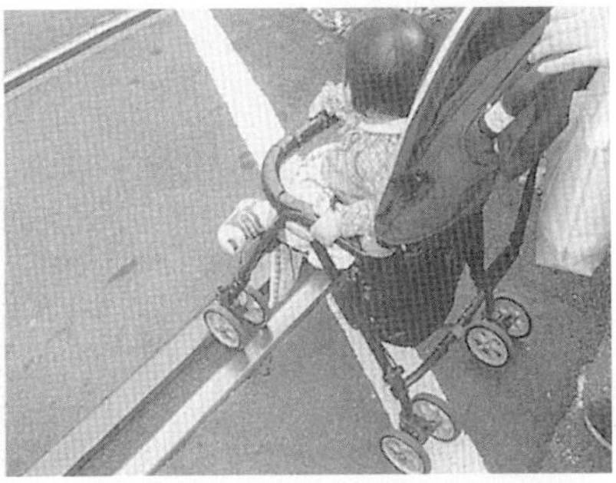

철로건널목은 많은 곳에서 지적되고 있다. 보행자공간이 좁기 때문에 유모차 사용 시에는 어쩔 수 없이 차도로 나가게 되는 경우도 있는 것 같다. 유모차의 바퀴가 옆으로 돌아가게 되면 틈새에 끼어버리고 만다.

② 측구

지방도시에서는 우수에 대한 하수처리가 아직 시행되고 있지 않다. 이러한 장소에서는 예전부터 우수를 도로와 부지의 경계부분에 있는 측구로 흘려보내 하천으로 방류하도록 되어 있다. 근대로 오면서부터는 뚜껑을 덮도록 하고 있지만 그것이 아직 충분하지 않아 통행에 지장을 주기도 하고, 안전상으로도 문제가 되고 있다.

- 덮개가 확실히 갖추어져 있지 않기 때문에 영유아가 떨어질 위험이 있다.
- 도로의 횡단면이 급경사이고 더욱이 뚜껑이 없는 측구가 있다면 위험하다. 빨려 들어가지 않도록 측구의 수류부분에 난간을 설치할 필요가 있다.

마을에 보행로가 만들어지는 진행과정을 살펴보면, 먼저 우수를 흘리는 측구가 만들어진다. 그 후 전신주를 세워 전기가 오도록 만드는데, 전신주는 측구를 피해 도로쪽에 만들어진다. 이윽고 측구에 덮개가 설치되고 도로를 넓게 사용할 수 있게 된다. 그리고 마지막으로 보행로가 만들어지는데 전주의 위치는 대부분의 경우 차도로 나오는 경우는 없고 원래의 위치에 그대로 있기 때문에 이렇게 그 부분이 눈에 띄게 좁은 통로가 되어버리고 만다.

지방도시의 보행로의 경우, 도로가 충분히 넓어도 측구의 덮개가 여기저기 설치되지 않은 곳이 있다. 사진과 같이 걷는 통로나 상품을 구경하기 위해 들어가는 부분에만 덮개가 설치되어 있는 것이 현황이다. 이러한 설치방법은 혹시 측구의 덮개를 일부분에만 덮는다면 갑자기 뚜껑이 없어지는 경우도 생겨, 아예 덮개가 없는 경우보다 더 위험하다. 측구 안은 수심이 상당히 깊고 유속도 빠른 경우가 많아, 영유아가 잘못 떨어진다면 매우 위험하다. 또한 측구덮개 부분은 어디까지나 공공도로이나 여기에 물건을 꺼내 놓고 있는 경우도 자주 발견된다.

측구는 도로와 평행하게 설치되어 있는 것만은 아니며 그림처럼 민간토지(개인 거주지) 쪽에서 흘러들어오도록 연결되어 있는 경우도 있다. 대부분의 경우, 여기에는 난간이 없는 것이 보통이다. 이 경우 보도는 돌연 마치 난간이 없는 다리와 같이 되어버린다. 울타리가 있는 경우도 있으나 충분하지는 않다. 사진의 난간은 틈새로 어린이가 쉽게 떨어질 수도 있을 것 같다. 이러한 측구는 일단 떨어지면 흘러내려가 도로 밑의 암거로 된 부분으로 들어가버리게 되므로 어른이 있더라도 구해낼 수 없다.

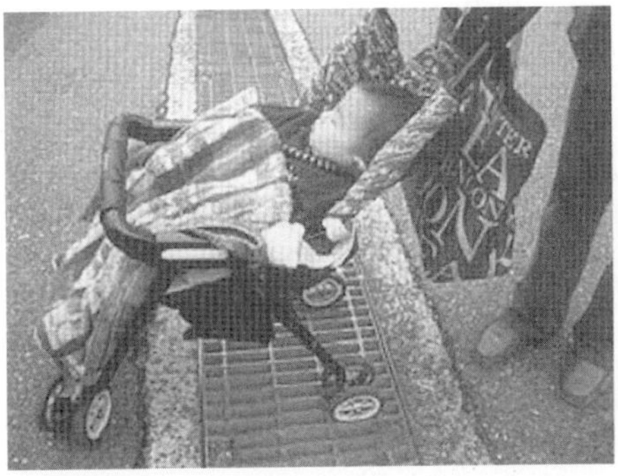

측구의 그레이팅. 유모차의 바퀴는 휠체어보다도 작은 바퀴가 사용된다. 따라서 통상적인 배리어프리에 대한 배려가 있는 도로에서도 사진에서 보는 바와 같이 바퀴가 끼어버리는 경우가 발생된다. 바퀴가 끼어서 유모차가 급정거하게 되면 안에 타고 있는 아이가 앞으로 떨어지는 경우도 발생한다. 만약 떨어질 때에 차가 지나간다고 생각하면 그냥 웃고 지나갈 일은 아니다.

③ 융설조(融雪溝, 눈을 쌓아두거나 녹이는 장소)

눈이 많이 오는 적설지방 특유의 문제이지만, 융설조에 대해서는 그레이팅의 그물눈 간격이 큰 경우도 있으므로 정비가 필요하다.

- 진행방향에 평행하고 있는 그레이팅의 간격이 넓어, 유모차의 바퀴가 빠져버리거나, 어린이가 넘어지게 된다.
- 새로운 타입의 융설조는 그레이팅의 간격이 좁고 표면에 경질고무제의 미끄럼방지 가공이 되어 있어 통행하기 쉽다. 다만 그 위치에서만 갑자기 미끄럽지 않기 때문에 어린이가 달리고 있다면 오히려 이 부분에 걸려 넘어지는 일도 있다.

융설조의 새로운 타입.
그레이팅의 간격이 좁고 표면에 경질고무제의 미끄럼방지 가공이 되어 있다.

융설조는 눈이 쌓였을 때 제설한 눈을 덮개를 열고 그 안에 버리기 위해 설치되는 것이다. 또한 눈이 녹는 시기에는 그 위에 눈을 쌓아놓으면 녹은 눈이 흘러들어가게 된다. 따라서 어느 정도 그레이팅의 간격이 확보되어야만 눈을 떨어뜨려 넣을 수 있다. 어떠한 해결책이 좋을 것인가는 지금부터 검토 되어야만 할 사항이다.

④ 교량

교량부분의 바닥면과 주변 도로면과 단차가 있다. 이것은 하천의 수위가 높아질 경우를 대비하여 교량에 영향을 미치지 않도록 교각부분을 도로에서부터 들어올려 시공하기 때문이다. 이러한 단차로 인해 발생되는 경사가 큰 경우에 유모차는 지나가기 어려우며, 영유아는 걷기 힘들다. 또한 교량의 난간은 어린이의 체위를 고려하여 설계할 필요가 있다. 그리고 지방도시에서는 차량통행이 주가 되기 때문에 보행자가 안전하게 통행할 수 있도록 배려되지 못한 곳도 종종 있다. 평상시에는 주로 차로 이동하기 때문에 이번 조사에서 처음으로 아이의 통학로를 걸어보았다는 어른이 있다는 사실에서 지금까지 위험한 상황에 전혀 주의를 기울이지 않았다는 것을 알 수 있다.

교량의 난간이 디자인에 우선하여 충분한 기능을 담당하지 못하고 있다.
또한 도로와 하천 사이의 턱은 간단한 가드레일로 되어 있는 곳도 적지 않다. 도로에서 하천을 건너 사유지로 연결되는 다리에는 거의 아무 것도 없었다.

교량의 가드레일. 보행자가 이곳을 걷고 있다고 가정해보지 않은 것일까. 가드레일 아래의 틈이 40cm 정도나 되어, 어린이라면 그냥 걷고 있다하더라도 자칫 전락할 우려가 있다.

높이가 80cm 정도 밖에 되지 않는다. 만약에 어른이 난간에 기댄다면, 확실하게 추락할 높이이다. 어린이의 경우에도 난간에서 얼굴을 내밀고 밖을 내다 본다면 위험하며, 그때에 난간턱을 딛고 오른다면 어른에 비해 상대적으로 머리가 큰 어린이의 경우 쉽게 추락해 버리고 말것이다.

- 가드레일의 철판을 이용한 다리의 난간 하부에 큰 틈이 있어, 어린이가 떨어질 위험성이 크다. 보행자가 통행하는 것에 대해서는 그다지 고려하지 않았던 것인가.
- 작은 하천에 가드레일이 부분적으로 없는 보행로가 있다.
- 교량의 종점과 도로와의 연결부에 경사가 심한 부분이 있다.

⑤ 어린이 놀이터, 공원

공원이나 어린이놀이터는 지역에서 빼놓을 수 없는 것이지만, 유지 · 관리를 정기적으로 하지 않으면 위험한 장소가 된다. 예를 들면 놀이기구는 관리를 게을리하면 사고를 유발하게 되며, 무성해진 수목은 시야를 가려 야간뿐만 아니라 주간에도 사각지대, 어두움을 만들어 버린다.

특히 놀이터 관리자의 확인, 보호자 · 지역주민에 의한 놀이기구의 안전점검 실시 및 그 결과를 관리자에게 통보하는 시스템을 확립할 필요가 있다.

또한 이 사항에 대한 상세한 내용은 4장을 참조하길 바란다. 마을걷기 조사에서 밝혀진 주요한 사항만을 이하에 제시한다.

- 공원은 겨울에는 사용할 수 없기 때문에, 보육지원센터에 간다고 하는 지역도 나타났다.
- 겨울에 영아를 놀게 할 장소가 필요하다. 어머니가 멀리에서 지켜볼 수 있을 정도의 환경에서 놀게 하고 싶다.
- 마을에 미처 공원으로 정비되지 못한 장소가 있어 위험하다. 가로등도 없고 수목이 무성하여 어둡고 무섭다.
- 놀이기구가 어디까지 위험을 동반하는가를 알 수 없다. 낡은 놀이기구는 철거했으면 좋겠다. 놀이기구가 부식되어 있는 것도 있다.
- 놀이기구에 손을 끼이게 된다. 혹은 옷의 단추나 장식이 끼이게 되는 경우가 있다.
- 특히 미끄럼틀에서 걸리거나 끼이게 되면 위험하다.
- 잡초가 많다. 도로에서 안쪽으로 떨어진 장소에 공원이 있기 때문에 무서워서 잘 놀란다.
- 수목을 잘라낸 가지가 놀이터의 중앙부분에 방치되어 있거나 풀이 자라 무성하다. 저녁때에는 잘려진 나뭇가지에 조심하지 않으면 걸려 넘어지거나 굴러 부상당할 위험이 있다.

⑥ 화장실

영유아에게 있어 집밖에서의 배설은 매우 절실한 문제이다. 언제 어디에서 화장실을 가고 싶어 할 것인가 예측할 수 없기 때문이다. 공공시설뿐 아니라 마을 곳곳에 영유아가 이용할만한 시설이 없다면 안심하고 외출할 수 없다.

- 화장실이 좁아 어린이와 함께 들어갈 수 없다.
- 기저귀를 교체할 장소가 마트에는 있는데, 공공장소인 구청, 동사무소 안에는 없다.
- 양식변기에 어린이용 변기가 있으면 좋겠다.

모처럼 있는 공공화장실도 입구가 좁고 단차가 있어 사용하기 어렵다.

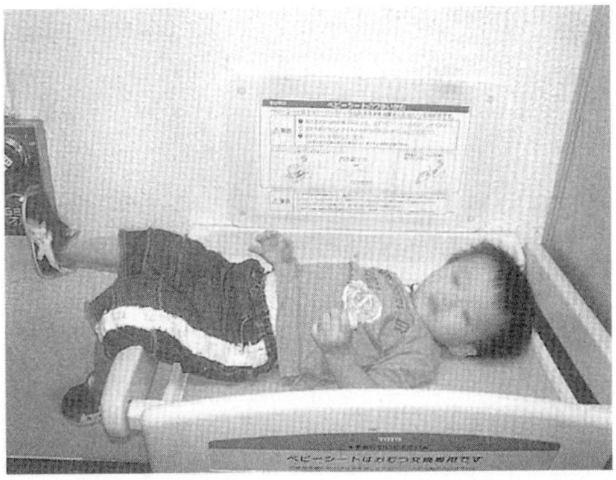

유아용 침대가 설치되어 있는 곳이 늘어나고 있지만, 좁은 장소에 작은 침대를 넣어두는 경우가 많아, 이 사진에서 보는 바와 같이 영아 이외에는 사용하기 어려운 곳도 있다. 모처럼 도입되었는데 일부 사람밖에 사용할 수 없다는 것은 매우 유감스러운 일이다.

⑦ 역 건물

역 건물은 이른바 도시나 마을의 현관이다. 이것만은 누구에게라도 배리어프리 환경이어야만 한다. 최근에는 이용이 편리한 역도 늘었으나 어린이를 동반하는 보호자에 대한 배려는 그다지 이루어지지 못하고 있는 것 같다.

- 계단이 너무 많다. 유모차 사용뿐만 아니라, 영유아를 안고 이동하는 것이 매우 힘들다.
- 화장실이 어두워 무섭다. 화장실은 어린이에게도 배리어프리 디자인으로 되어 있으면 좋겠다.
- 경사로 난간에서 어린이가 논다. 이것은 어쩔 수 없는 일이나 주변에 위험한 것은 없도록 조치할 필요가 있다.

⑧ CD(현금인출기), 공중전화

일상생활 속에서 부모가 이것을 이용할 일이 많으며, 지금은 생활하는데 없어서는 안 되는 것이 되었다. 그러나 유아를 데리고 특히 유모차를 밀고 있을 때에는 장소가 좁고 문 개폐가 곤란하여 이용하기 어려운 등 가장 이용이 곤란한 시설로 지적되고 있다.

- 유모차를 들고 위쪽 단에 애써 올려놓으면, 문이 앞으로 열리지 않는다. 유모차를 통행에 방해되지 않도록 옆에 놓고 아이를 안고 안으로 들어간다. 이때 문을 또 한명의 아이에게 누르고 있도록 시키지 않으면 안된다.
- 현금인출기, 역의 공중전화부스도 마찬가지이다.

눈이 많이 쌓이는 장소에서는 외부에 있는 현금인출기, 전화부스 등은 1–2개의 계단 위에 설치되어 있는 경우가 많다. 무리해서 유모차를 올려놓아도 부스안까지 들어갈 수 없다.

⑨ 기타사항

그 외에 보호자와의 대화에서 나온 여러 가지 의견 가운데에서 중요하다고 생각되는 사항을 들어보자.

- 병원에서 병이 없는 아이는 따로 관리하면 좋겠다. 건강한 아이가 병에 옮을 수도 있으며, 아이를 별도의 장소에 맡기고 병원을 찾으려면 번거롭고 수고스럽다. 특히 겨울에는 더 힘들고 괴롭다.
- 어머니가 진료를 받을 때에도 곤란하다. 산부인과와 소아과가 함께 있는 곳이 많으나, 산부인과에 가는 어머니의 아이는 건강하지만, 소아과를 찾는 어린이는 병이 있는 아이가 많기 때문에 걱정스럽다.
- 특수 보육소는 멀어서 이용할 수 없다.
- 축제시에 어린이 전용화장실을 만들면 좋겠다. 어린이는 배뇨를 잘 참지 못하며, 급하게 되어서야 화장실을 찾는 경우가 많기 때문이다.

상가 부지 내에 있는 포켓파크 같은 휴게장소.
그늘이 만들어지므로 여름에는 좋은 공간이다.

버스정류장 부근에 있는 의자. 휴게장소로 유용하다. 단 왼쪽 사진에 놓여있는 의자는 도로를 점유하고 있으므로 위법시설이다.

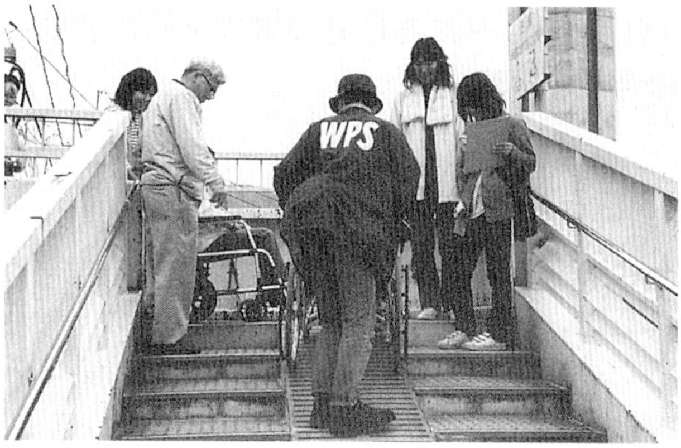

지역 필드워크 활동을 할 때, 지역의 장애자단체와 공동으로 시행하였다. 서로의 불편이나 요구사항에 대해 공통점과 상이점 등이 보이게 되므로, 이렇게 입장이 다른 사람들이 함께 활동하는 것은 서로에게 매력적인 일이라 생각된다.

- 백화점 내부를 유모차로 이동하려 해도 엘리베이터 밖에 사용할 수 없다. 그리고 만원이 되어 탈수 없게 되면 상하로 이동이 불가능하다.

5) 지역 필드워크 활동 실시자가 본 조사에 대한 평가

「어린이와 실제로 걷다보면, 어린이 눈높이에 맞추어 살펴보지 않는다면 신경 쓰지 못 할 중요한 사실을 발견하게 된다」는 의견이 많이 나왔다. 어느 지방도시에서는 평소에 보호자가 차로만 이동하고 있었기 때문에 어린이 통학로를 처음으로 걸어 보았으며, 여러 문제점과 위험이 있는 것을 이제야 깨닫게 되었다고 하는 사람도 있었다.

역시 다행스럽게 생각하는 점은, 배리어프리라 하면 고령자나 신체부자유자라는 이미지가 있었으나, 「어린이의 시점, 아이를 데리고 있는 부모의 시점에서 생각한다」고 하는 사실이 신선한 충격이었다는 것이었다.

이후 이러한 조사를 계속 진행하고자 하는 경우에 있어서는, 큰 백화점의 수유코너나 아이와 함께 들어갈 수 있는 화장실의 설치 등에 대한 관심과 요구는 전국적으로 동일하리라 판단되나, 현재 개선 중인 역 건물의 변용이나 보행로에 대한 배리어프리를 어린이의 시점으로 바라봐 주었으면 하는 것이다. 아울러 공공시설보다도 늦게 진행되는 경향이 있는 도로나 거주환경 주변에 대해 더욱 관심을 가질 필요가 있다는 것도 시사점으로 나타났다.

6) 보육 배리어프리에 대한 지역 필드워크 활동의 전개

① 지역 필드워크 활동 지속의 필요성

지금까지 어린이 특히 영유아의 배리어프리에 대한 문제점은 지속적으로 지적되어 왔음에도 불구하고, 구체적으로 마을걷기를 실시하고 그 내용을 정리해 본 것은 처음이다. 그렇기 때문에 조사한 결과를 다양한 지역특성에 적용할 수 있도록 만드는 것, 영유아를 중심으로 한 어린이의 성장발달에 맞추어 보는 검증도 앞으로 필요하리라 생각된다.

② 시민으로의 활동과 의식의 배양

먼저 보호자인 부모, 조부모, 특히 지역주민에게 다음 사항을 인식시키는 것이 중요하다.

- 지금 우리들을 둘러싸고 있는 생활환경은 영유아나 초등학생을 배려한 상태가 아니라는 점.
- 이 때문에 보호자나 어린이들 자신이 여러 가지 위험이나 불안에 처해있다는 것.
- 이런 문제를 해결하는 방법은 행정기관에만 의존해서는 안 되며, 우선 「자신들이 목소리를 높이고」, 「조사하고」, 「데이터를 제시하고」, 「행정기관에 요구서를 제출한다」는 계획을 세우고 검토해야 한다는 것.

위에 제시한 활동은, 유치원 · 보육원, 보육동아리 등의 보호자를 중심으로 한 조직 또는 유치원 · 보육소 · 아동관, 보육지원센터가 중심이 되어 조직할 수 있는 것이라 생각된다.

③ 퍼실리 데이터의 육성(facility)

영유아에게 시점을 둔 배리어프리 마을만들기에 대한 생각은 이제 막 시작되었다. 따라서 이러한 생각을 널리 보급시키기 위해서는 어린이 배리어프리맵 작성의 필요성 · 중요성을 충분히 인식시킬 것을 목적으로, 이제부터는 실습을 포함한 지도자 육성을 위한 연수회나 강습회를 개최할 필요가 있다고 생각하고 있다.

④ 제도측면에서의 반영

제 3회 소자녀화(少子化) 사회 대책회의(2004년 12월)에서 「소자녀화 사회대책의 원칙에 기초한 중점시책의 구체적 실시계획에 대하여」 어린이 · 보육지원계획이 결정되었다. 회의에서는 「보육의 새로운 지원과 연대」를 비롯한 네 가지 중점과제가 다루어졌고 「어린이 · 보육지원계획」에서는 2009년까지 5년 동안에 논의될 구체적인 시책과 목표가 제시되었다.

본 조사연구에 관련된 시책으로는 「보육하기에 안심, 안전한 주거와 마을만들기」에 관하여 「보육에 대한 배리어프리 등의 추진」이 제안되었으며, 이에 관한 구체적 시책으로서는 건축물 배리어프리화의 추진, 보행공간의 배리어프리화 추진, 안전한 보행공간의 정비, 안전 · 쾌적한 도로교통환경의 정비, 도시공원의 배리어프리화 등의 추진, 보육에 대한 배리어프리의 의식계발 등의 추진이 제시되었다. 또한 「어린이 안전의 확보」에 관한 구체적 시책으로서, 어린이를 범죄 등의 피해로부터 지키기 위한 기구의 추진, 안전하고 안심할 수 있는 마을만들기의 추진이 거론되었다.

이와 같이, 본 지역 필드워크 활동이 금후, 전국의 지자체가 「어린이 · 보육지원계획」에 따른 대처방안을 모색하는 경우 참고가 되리라 생각한다.

⑤ 보다 광범위한 시야

본장에서 소개한 지역 필드워크 활동은 우리 지역의 마을만들기, 특히 「보행로」, 「역」, 「교량」, 「쇼핑센터」, 「공원 · 놀이터」라는 범위에 국한된 것이다.

그러나 영유아를 둘러싼 생활환경상의 배리어(장애, 안전을 포함)는 집안에도 실제로 많다. 한편 통학로, 골목길, 공원, 놀이터 등에서 유괴, 성인으로부터의 성폭행 등 어린이를 노린 범죄나 미수사건도 자주 발생하고 있다. 이 지역 필드워크는 어린이의 안전 · 안심 · 쾌적한 생활환경정비를 확립하고자 하는 것이므로 연구도 폭 넓은 시야를 갖고 추진해야만 한다.

⑥ 장애아를 포함한 배리어프리 맵 만들기

일본의 긴 역사 속에서 보면 생활환경정비는 건강한 사람들을 대상으로 하여 구축되어 왔다. 그러나 1966년에 들어 장애자에 대한 마을만들기는 한사람의 장애자와 한사람의 자원봉사자의 대화 중에 탄생하게 되었으며, 고령자 인구의 증가, 외국에서 들어온 노멀라이제이션 사상의 보급과 함께 현재는 모든 사람을 대상으로 하는 마을만들기를 추진하는 것이 너무도 당연하다는 생각이 주류가 되고 있다. 그 결과의 하나로 법측면에서도 배리어프리 신법이 현재 시행되고 있다.

그러므로 어린이를 대상으로 한 배리어프리 마을만들기에 있어서도 장애가 있는 어린이에 대한 배려도 계획관점에 두고 사업을 전개해갈 필요가 있다.

예를 들어 지금 많은 초등학교에서는 토 · 일 · 휴일에 학교교정을 개방하고 있으며, 또 보육원의 정원 역시 전국적으로 개방하는 것이 확대, 실시되고 있다. 그러나 양호학교(특별지원학교)에서는 학교개방을 실시하고 있는 예가 없어, 양호학교를 다니고 있는 아이들은 놀이터를 가질 수 없게 되어버렸다. 이것은 그저 하나의 예이지만, 장애가 있는 어린이 환경의 전개에 대해서도 기여할 것을 기대한다.

제 6 장

범죄로부터 어린이를 지키는 마을만들기

제6장

범죄로부터 어린이를 지키는 마을만들기

2004년 11월에 나라현에서 일어난 여아유괴살인사건은 어린 아이를 가진 부모들을 공포에 떨게 만들었다. 일 년 후 이번에는 히로시마현과 이바라키현에서 다시 비극이 반복되어 일어났다. 어느 학교에서 귀가하던 초등학교 일학년 학생이 범죄의 대상이 되었던 것이다. 최근 전국 각지에서 어린이를 대상으로 한 성범죄나 외설 목적의 사건이 자주 발생하고 있다.

이러한 사실에서 보호자를 비롯한 관계자의 불안이 끝없이 높아지고 있어, 범죄피해에서 어린이를 지키고자 하는 대처가 활발해지고 있다.

그래서 본장에서는 우선 관계행정기관이나 관련활동단체의 대처실태와 문제점을 명확히 함과 동시에, 하드웨어에 대한 과제와 대응책에 대해 사례를 들어가며 설명하기로 한다.

1 | 범죄로부터 어린이를 지키는 대처의 현상과 과제

1) 경찰에서의 대처

① 성범죄자의 재범 방지책

나라현의 여아유괴살인범은 이전에도 어린이를 대상으로 한 성범죄 전과가 있었다는 점 때문에 일본에서도 메간법(Megan' s Law) 도입이 화제가 되었다. 메간법이란 재범의 가능성이 있는 성범죄자의 성명, 주소, 범죄이력 등을 공개하는 법률이다. 1994년 미국의 뉴저지에서 7세 여아가 성범죄의 전과가 있는 남자에게 살해된 사건을 계기로 뉴저지주의 법으로 제정된 것이다. 그 후 미국 전체에 확대되어 현재 많은 주에서도 피대상자의 성명, 주소, 사진 등이 인터넷을 통해 일반에게 공개되고 있다. 그러나 메간법에 의한 범죄억제 효과를 의심스러운 눈으로 바라보는 견해도 있다. 또 메간법에 의해 정보를 얻은 이웃주민이 피대상자에게 위해를 주는 사건이 빈번하게 발생하여 정보공개에 의한 폐해도 생겨나고 있다.

일본에서는 신중하게 대응하기 위해 경찰청과 법무성이 출소정보를 공유하여, 어린이를 대상으로 한 성범죄가 발생하는 경우 범인을 구속하고 검거하기 위해 활용하고 있다. 그리고 사건에 해당하는 행위자에게 경고를 줌으로써 범죄를 미연에 방지하기 위한 노력을 하는 등 그 행위자를 특별하게 관리, 활용하고 있다. 한편 법무성에서는 최근 외국에서 도입되고 있는 인지행동요법이라 불리는 심리요법을 도입하여 「성범죄자 처우 프로그램」을 형무소나 보호관찰소에서 실행함과 동시에 재범방지 차원에서 엄격한 가석방 원칙준수와 보호관찰의 충실 강화를 도모하고 있다.

② 엄격한 형벌과 지방경찰관의 증원

원래 범죄에 대한 대책은 근대국가의 주요 임무로, 경찰을 비롯한 검찰, 재판소, 형무소, 보호관찰이라는 일련의 형사사법시스템이 정비되어져 왔다. 이것은 주로 가해자에게 초점을 맞추고 있어 기본적으로는 범죄가 발생한 이후의 대응을 중심으로 구성되고 있다. 사전대책으로는 총기추방이나 약물활용 금지 등 일부에 한정되어, 기본적으로는 형벌의 가감에 따라 범죄발생을 억제하고, 범죄자의 구금 또는 행동을 감시함으로써 재범을 막고자 하는 대처방법이 추진되어 왔다. 사전대책을 확대시키면 인권을 침해할 가능성이 있으며, 또한 방대한 인적자원을 필요로 하기 때문이다.

그러나 최근에는 피해자들에 의한 운동이 많아지는 것에 발맞춰 사전대책에 대한 절실한 요청이 있어, 경찰에서도 스토커대책과 범죄정보의 제공 등 범죄의 발생자체를 미연에 방지할 수 있는 대책을 마련하고 있는 중이다. 어린이를 대상으로 하는 폭력적 성범죄자 출소정보의 활용도 이러한 까닭에 의한 것이다. 2004년에는 거의 100년만에 형법의 발본적 개정이 이루어져 성범죄에 대한 형기도 늘어나게 되었다. 또 지방경찰관을 2002년부터 3년 동안에 약 만 명 증원하였고, 2005년 이후에도 3년 사이에 약 만 명을 증원하는 계획을 추진하였다.

미국에서는 10년 전에 시가지 담당의 경찰관을 5만 명 증원시켰다. 또한 엄격한 형벌을 추진하고자 3회 중죄를 범하면 무조건 종신형이 되는 「삼진법」을 제정하였다. 놀랄만한 것은 현재 미국에 약 200만 명의 죄인이 있다고 한다. 미국에서 조차 형사사법시스템에 의한 범죄대책에는 한계가 있다고 하며, 범죄를 미연에 예방하는 대책과 노력을 적극적으로 추진하고 있다.

2) 학교에서의 대처

① 문부과학성의 대처

문부과학성은 어린이에 대한 위험을 예측하고 회피하는 능력을 키워주기 위해 교사용 안전교육 참고자료를 2001년 11월에 작성하여 학교에 배포하였다. 그 중에는 범죄를 미연에 방지하기 위해, (1) 통학로에서 요주의 장소에 대한 맵(Map) 작성 · 주지, (2) 어린이 「110번의 집」 같은 등하교 중 긴급 상황 발생시 피난장소에 대한 주지, (3) 등하교시 긴급상황에 대한 대처법의 지도, (4) 지역 관계기관과의 연계 등을 제시하고 있다.

더욱이 2002년 4월에 위기관리 매뉴얼을 작성하고 지역과 연계하여 어린이를 범죄에서 지키는 체제 만들기에 주력하는 항목으로서 다음과 같은 점을 지적하고 있다. (1) 「어린이 110번」의 집 주소와 표시, 역할 등을 확인시킨다. (2) 통학 안전맵 만들기 등을 통해 지역에서의 안전확보에 대한 중요성을 인식시킨다. (3) 범죄 피해를 입지 않도록 행동요령에 대해 지도한다.

학교에서도 침입사건이 자주 발생하고 있기 때문에 과거에 비해 학교관계자의 방범의식은 확실히 높아졌다. 문부과학성이 2006년 6월에 발표한 조사결과[1]에 따르면 2005년 3월 현재, 학교 독자의 위기관리매뉴얼이 작성되어 있는 초등학교는 92%에 달했다. 85%의 초등학교에서 어린이를 포함한 범죄훈련이 행해지고, 등하교시의 긴급시 대처법을 지도하고 있다. 많은 학교에서 「어린이 110번의 집」에 대한 주지나 「통학 안전맵 만들기」가 시행되고 있었다. 그러나 학교 안에서나 PTA 내에서의 대처에만 머물고 있는 경향이 나타났다.

② 긴급 상황 발생시의 대처법에 대한 지도

긴급 상황 발생시에 큰소리를 내도록 하는 모의훈련은 큰소리를 낼 기회가 적은 지금의 아이들에게 중요한 훈련이다. 모의훈련은 몸을 사용해 기억하기 때문에 실천력이 있고, 어린이가 원래 가지고 있는 힘을 꺼낼 수 있게 되므로 효과적이다.

그러나 단지 「알지 못하는 사람이 말을 걸어온다면 도망가세요」라는 지도는 자칫하면 알지 못하는 사람은 악의를 갖고 있을 가능성이 높다는 선입관을 가지게 해, 인간에 대한 불신감을 심어줄 우려가 있다. 특히 어린아이들에게 이것을 각인시키는 것은 교육상의 문제로 제기된다. 한편 외설목적의 유괴범은 그럴듯한 말로 유인하기 때문에 소리를 지르는 교육을 받았다하더라도 판단능력이 부족한 어

---

1) 문부과학성, 「학교의 안전관리 대처상황에 관한 조사」, 2006년 6월

긴급시에 큰 소리를 내는 훈련을 하고 있는 자원봉사단체의 출전수업

린아이들이 실제로 그것을 판단하기는 어렵다고 생각된다. 그리고 어린이를 대상으로 한 성범죄자의 대부분은 안면이 있는 자의 범행이기 때문에, 안면이 있는 상태에서 소리 지르는 것은 효과가 없는 일이 되고 만다.

CAP(Child Assault Prevention)라는「어린이 폭력방지」프로그램은 어린이들에게 묻고, 생각하게 하고, 몸을 사용해 기억하게 하는 워크숍 형식을 취하고 있다. 학령에 맞는 프로그램이 있어 그것을 습득한 전문가가 참석한 어린이들과 의견을 나누면서 대책을 함께 생각한다. 학교의 교원이 그것을 습득해서 대응하는 것도 필요하지만, NPO 법인이나 자원봉사단체의 전문가를 활용하는 것도 중요하다고 말할 수 있다.

③ 통학 안전맵 만들기

통학로의 요주의 장소를 점검하는 통학 안전맵 만들기에 대해서도 의견교환을 하면서 대책을 함께 고민하고 마련하는 것이 중요하다. 통학 안전맵 만들기는 어린이들과 보호자 등의 공동작업을 통해 문제를 공유하는 것에 의의가 있지만, 현실은 어린이 또는 보호자에게 각각 안전맵 만들기를 촉구하는 서류만을 배포한 상태로 방치되는 경우가 적지 않다. 결국 각자 혼자서 점검하는 상황이 된다. 주의가 필요한 장소를 정하는 것은 주관적 판단에 의한 것으로, 자칫하면 불필요한 불안감을 가져올 우려가 있다.

통학 안전맵 만들기는 공동작업이 필수적이라 생각한다. 공동작업을 통해 참가자 각각의 경험과 지식이 뒷받침된 다양하고 총체적인 의견을 얻을 수 있기 때문이다. 각자가 느끼는 위험이나 불안함의 정도는 개인에 따라 다르기 때문에 공동작업을 통해 그것을 확인할 수 있다. 그리고 경우에 따라서는 수정을 할 수도 있다.

덧붙여 말하면, 보호자 및 지역주민이 이 공동작업에 참여하여 요주의 장소에 관한 대응책에 대해 협의하는 것이 중요하다. 점검만 한다면 그 장소가 갖고 있는 문제는 그대로 남는다. 단순하게 요주의 장소를 피해 다니게 된다면 그 장소는 사람들의 눈이 미치기 어려워져, 위험성이 더욱 증가 될 수도 있다. 통학 안전맵 만들기를 계기로 지역에 있어서「인간관계」를 넓히고 문제가 되는 장소를 개선해 나가는 마을만들기로 이어가는 것이 풀어야 할 과제인 것이다.

④ 어린이 110번의 집

통학로에서 어린이가 위험을 느꼈을 때 도망칠 수 있는「어린이 110번의 집」은 전국에 약 150만개소(2005년 7월)로 계속 늘어나고 있다. 실제로「어린이 110번의 집」으로 도망쳐서 구해진 건수도 적지 않다. 그러나 표식을 부착만해 놓고 집이 잠겨있거나 사람이 없는 경우도 있어, 대응이 이루어지지 못하는「110번의 집」도 적지 않다[2]. 또한 그 소재를 확인해보면, 어떤 지역에 편중 분포되어 있으며, 통학로의 요주의 장소 등 필요한 장소에는 확보되지 못한다는 문제점도 보인다. 어떤 지역에서는 어린이들에게 물어 보았더니,「모르는 사람의 집에는 가서는 안 된다고 들어서 이용하지 않아요」라는 의외의 답변을 들을 수 있었다.

전국에서 선두주자가 된 기후현 가니시의 초등학교 지역에서는, PTA 회장과 학교장이 매년「어린이 110번의 집」의 협력자를 경의를 표하는 마음으로 방문하고 있다고 한다.「어린이 110번의 집」은 어린이들의 피난장소의 확보만이 아닌, 어린이를 지키는「인간관계」를 넓히는 수단, 지역과 학교, PTA를 이어주는 수단이기도 하다. 그와 같은 이차적인 기능을 활용할 필요가 있다.

3) 지역에서의 자주방범활동

① 지역에서의 대처를 필요로 하는 보호자

인터넷 관련회사가 2006년 1월에 실시한 조사[3]에 따르면「지역에서의 방범대책에 대한 안심도」에 대해 물어본 결과 54%의 보호자가「조금 불안」이라고 답했으며,「불안」(23%)과「매우 불안」(8%)을 합하면 85%의 보호자가 불안을 느끼고 있는 것으로 나타났다. 이 조사는 같은 회사의 서비스를 이용하여 수상한 자(전과자나 성범죄자 등)의 정보를 발신하고 있는 단체로부터 휴대폰 메일을 이용하여 정보를 수신하고 있는 보호자를 대상으로 한 것이나, 주목해야 하는 것은「어린이 안전을

---

2) 경찰청이「어린이 110번의 집」지역에서 지키는 어린이 안전대응 매뉴얼을 작성하고 있다. http://npa.go.jp/safetylife/seianki62/index.htm

위해 필요한 대처」에 관해 물었을 때 「지역에서의 대처」가 필요하다고 회답한 보호자가 65%로 압도적 다수를 차지하는 것으로 나타나, 「행정기관에서의 대처」(16%), 「어린이에 대한 교육」(10%), 「학교에서의 대처」(5%)를 크게 상회하고 있는 결과가 나왔다. 또한 인터넷 뉴스사이트(IT)에 의뢰한 것으로 생각되나, 「부모, 지역의 협력, 연계하는 것 그리고 의심스러운 것만 알려주는 것보다는 좋은 관계를 어린이에게 전해야만 한다」, 「지역에 사는 사람들에게 어린이의 얼굴을 기억하게 하고, 어른들도 예전처럼 어린이를 꾸짖을 수 있게 된다면 안심할 수 있는 마을로 이어지는 것이 아닐까?」, 「방범카메라 등 기계에 의존하는 것보다는 사람들과의 관계에 대해 지금 이 시대에 다시금 되돌아 보아야만 할 일이라는 것이 매우 절실한 생각이다」는 의견제시도 있어, 지역을 지킬 필요성을 느끼고 있다는 것이 확실해졌다.

참고로 문부과학성이 2005년 10월에 실시한 조사[4]에 따르면 「지역의 교육력 향상을 위해 주력해야만 하는 것」(복수회답)을 묻는 질문에 대해, 67%의 보호자가 「어린이 안전을 지키는 활동」으로 대답했고, 2위 이하는 「다른 연령의 사람들과 교류추진」(36%), 「지역의 역사와 문화를 배우는 기회를 늘린다」(34%)로 나타났다.

② 지역 자주방범활동의 현 실태

최근 전국 각지에서 자주방범활동을 시행하는 지역주민, 자원봉사단체(이하, 방범활동단체라 함)가 결성되고 있다. 경찰청이 시행한 시 · 군의 경찰 등을 통한 조사[5]에 따르면, 2006년 말 현재에 있어 전국 방범활동단체 수는 31,931개로, 2004년 말 현재 8,079 단체와 비교하면 약 4배 정도로 파악되고 있다. 또 요코하마시 각 구의 조사[6]에 따르면 2005년 7월 현재 회답을 얻은 방범활동단체의 60.7%가 2003년 이후에 결성된 단체인 것으로 나타났다.

방범활동단체의 대부분은 60세 이상이 활동의 중심으로 되어 있지만 50세 이하의 취로세대도 적극적으로 참여하고 있었다. 경찰청조사에 따르면 2004년 말 현재 방범활동단체의 구성원 평균연령은 60대의 단체가 49.1%, 50대의 단체가 29.8%를 차지하고 있는 것으로 나타났다. 요코하마시의 조사에서도 방범활동단체의 활동

3) Dram Area주식회사 「어린이 안전에 관한 의식조사」(2006년 1월, 고교생 이하 어린이가 있는 보호자를 대상으로 함, 유효회답수 1,000명). http://machicomi.jp/reserch/img/machicomi_rs01.pdf
4) 문부과학성 「지역의 교육력에 관한 실태조사」(2005년 10월 공립초등학교 2, 5학년과 중학교 2학년의 보호자 대상, 유효회답수 3,000명). http://www.mext.go.jp/b_menu/shing/chukyo/chukyo2/siryou/003/06021701.htm
5) 경찰청 「자주방범활동을 하는 지역주민 · 자원봉사단체의 활동상황 등에 대하여」(2007년3월).
6) 요코하마시 「요코하마 안전 · 안심계획 책정에 관한 조사」(2005년 10월)

에 참여하는 주요세대가 60세 이상이라고 대답한 단체가 70.0%, 40~50대가 41.0%인 것으로 나타났다(복수회답). 경찰청이 파악한 단체의 절반가량은 마을모임 · 자치회를 모체로 한 단체이다. 어린이 보호자에 의한 단체는 2006년 말 현재 4,987개로 파악되고 있으며, 2004년 말 현재의 651단체에서 약 8배로 크게 증가하였고, 특히 종래 지역활동에 관여하는 수가 적었던 30~40대의 참여가 늘어나고 있다.

자주방범활동이란 순찰(patrol)이 정해진 임무이나, 그 이외의 활동을 하고 있는 방범활동단체도 많이 볼 수 있다. 80.7%의 단체가 도보에 의한 방범순찰을 실시하고 있으며, 통학시의 어린이 보호 · 유도를 실시하고 있는 단체도 65.7%나 되었다.

빈번하게 활동하고 있는 방범활동단체도 많이 볼 수 있다. 경찰청 조사에 따르면 2004년 말 현재 한달에 한번 정도 활동하는 단체가 가장 많았으나, 2005년 말 현재는 매달 20일에서 29일 정도 활동하는 단체가 26.1%로 가장 많았다. 또한 매일 활동하는 단체도 476개에서 3,367개(10.5%)로 늘어나고 있다. 이렇게 여러 세대가 참가하는 방범활동단체가 점점 생겨나게 되어 지역의 자주방범활동은 더할 것 없는 상승세를 보이고 있다.

③ 지역에서의 자주방범활동의 과제

자주방범활동은 문자 그대로 보호자와 지역주민의 자주성에 맡겨져 있다. 게다가 활동할 여유가 없는 단체가 많아서, 지속적인 활동을 보이기 어려운 상황에 놓여 있다. 근본적으로 지역방범활동은 지역 현장에서의 활동이다. 얼마나 활동을 지속할 수 있느냐가 첫 번째 과제이다.

두 번째 문제는 단체간의 연계이다. 다양한 사람들이 참여하고 있으나, 각 단체가 단체별로 활동을 하기 때문에 단체간의 연계는 부분적인 것에 머무를 수밖에 없다. 지역 화합차원에서 월 1회 정도 만나고 있지만 서로 구체적인 활동내용을 알지 못하는 경우가 종종 있다. 특히 어린이 보호자단체와 마을자치회는 구성원의 세대가 다르기 때문에 서로 어긋나는 경향이 적지 않다.

이것은 자주방범활동에 국한된 이야기는 아니나, 일반적으로 전통적인 지역활동단체는 크게 어긋나는 일 없이 운영되고 있다. 가치관의 다양화가 진행되고, 라이프스타일도 변화되어, 지역에 대한 공동의식은 성립되기 어려워지고 있으나, 변함없이 지역사회에 있어서는 애매함이나 불합리한 부분, 사적인 감정 등 인간적인 것을 흡수, 포함하여 운영하지 않으면 안 될 필요성도 있는 것이다. 그러한 지역사회에 내재하는 문제가 자주방범활동의 기본적인 과제로서 장애물이 되는 것이라 생각한다.

한편 어린이를 범죄로부터 지키는 대처에 대해서도, 개인적인 문제나 자기책임으로 여겨지는 경향이 있어, 당사자 이외의 협력을 좀처럼 얻기 힘들다고 하는 과제를 안고 있다. 같은 당사자일지라도 사람에 따라 적극성에 차이가 있어 지역활동에 할당할 시간적 여유가 없다고 하는 경우가 있기 때문에 실제로 활동에 참여하는 사람은 한정될 수밖에 없다는 것이 현실이다.

그렇지만 오늘날 범죄를 둘러싼 상황은, 혹시 자신이나 자신의 가족에도 닥칠지 모른다는 문제로 받아들여져, 지역에 대한 관심이 최근 보기 드물게 높아지고 있는 것도 사실이다. 지역 스스로가 「새로운 공공성」을 맡아야 한다는 여론이 일어나고 있는 가운데, 지역에서의 범죄에 관한 대처는 지역만들기나 마을만들기를 추진하는 입장에서 매우 좋은 기회라고 할 수 있다.

4) 지방공공단체에서의 대처

① 어린이 안전확보에 관한 조례의 제정

현재 많은 도군이나 시구면에서 생활안전조례라 불리는 조례가 만들어지고 있다. 이 조례는 지역에서 범죄에 대한 대처를 추진하는 것으로, 시민 · 사업자 · 지방공공단체 등의 역할을 명확하게 함과 동시에 상호연계를 도모하는 협의회의 설치나 방범활동단체의 지원 등에 대해 정하고 있다.

범죄로부터 어린이를 지키는 대처방안에 대해 명기된 것은 2002년 4월 시행의 「오사카의 안전한 마을만들기 조례」가 최초이다. 오사카 교육대학 부속 이케다 초등학교의 사건 등이 계기가 된 것으로, 학교나 통학로 등에서의 어린이 안전확보 지침을 마련함과 동시에 안전대책에 대한 추진체제의 정비에 대하여 정하고 있다. 아울러 도로, 공원, 주차장, 공동주택 등의 시설정비에 대한 방범상의 지침을 정하여, 다른 지역 조례의 근간이 되었다.

구 · 면 지역의 생활안전조례의 대부분은 범죄뿐 아니라 재해나 사고방지 등도 안전확보의 대상으로 다루고 있으나, 도 · 시 · 군의 조례는 아무래도 범죄로부터의 안전확보에 무게를 두고 있다. 또 구 · 면 지역의 조례 대부분은 이념형으로 구체적 시책제정이 결여되어 있다는 점에 비해, 도 · 시 · 군의 조례는 기본시책으로, (1) 지역의 자주적 방범활동에 대한 지원, (2) 어린이의 안전확보, (3) 범죄에 강한 마을만들기의 3가지 사항에 집중한 구체적 시책의 추진을 도모하고 있다. 하지만 최근에는 구 · 면 지역에서도 「이치가와시 방범마을 만들기의 추진에 관한 조례」와 같이 어린이의 안전확보와 시설정비에 관한 지침을 정하는 등 구체적 시책을 추진하는 조례가 시행되고 있다.

② 추진계획의 책정과 관계부(部)·과(課)와의 연계

지방공공단체에서는 종래에 지역활동이나 지역진흥에 관계된 부나 과가 방범에 관한 사무를 담당하고 있었으나, 최근에는 방범담당과를 신설하는 지방공공단체가 늘어나고 있다. 이것은 지방공공단체의 방범시책이 지역의 자주적인 방범활동에 대한 지원뿐만 아니라, 어린이의 안전확보나 범죄에 강한 마을만들기로 영역이 확대되고 있음을 의미하는 것이다. 결국 교육위원회나 마을만들기 부에서도 방범에 대처하게 되었고, 이러한 시책을 횡적으로 추진하는 담당과가 필요하게 된 것이다.

방범담당과의 신설과 함께 방범시책에 관한 추진계획을 정하는 지방공공단체도 늘어나고 있다. 이 추진계획에서는 중장기적인 기본계획과 단기적인 행동계획의 두 가지 타입이 있다. 어린이의 안전확보에 관한 사항을 포함한 기본계획으로는 오사카시의 안전마을만들기 계획[7]이 타의 모범이 되었다. 이 계획은 생활안전조례의 실효성을 담보하기 위하여 책정된 것으로, 범죄에 대비하는 도시환경 만들기의 선구 모델로 활용된 것이 시즈오카현 방범마을만들기 행동계획[8]이다. 전체적인 목표달성의 목표치뿐만 아니라 개별적인 시책에 대해서도 수치로 나타나는 목표를 설정하고 있다.

지방공공단체에서는 방범시책이 특히 중요한 과제가 되었다는 사실에서, 방범을 특화한 시책이나 즉시 대처할 수 있는 시책이 우선되는 경향이 나타나게 된다. 이러한 시책은 자칫하면 다른 시책과의 연계가 결여된 대처 혹은 임기응변적인 대처로 끝나게 될 우려가 있다. 방범대책의 추진은 중장기적인 시점에서, 관계부·과가 상호 연계하여 계획적으로 대처할 필요가 있다. 개개의 시책에 대해서 목표수치를 정해놓고, 계획의 달성상황을 평가하는 체제를 정비해가는 것이 중요시 되고 있다.

5) 범죄에 강한 마을만들기의 필요성

① 인적대응의 한계

이상, 통학로 등에서 어린이의 안전확보에 초점을 맞추어 경찰, 학교, 방범활동

---

7) http://www.city.osaka.jp/kikikanrishitsu/anzen/keikaku

8) http://www.pref.shizuoka.jp/seibun/sb-15/action-plan.htm

단체 등 지방공공단체에서의 대처에 대해 각각의 현상과 과제를 서술했다.

종합적으로 말하면 이와 같은 대처는 최근에 이르러서야 시작된 것이 많아 아직 검토하지 않으면 안 될 고유의 과제를 안고 있다. 통학로에서 어린이의 안전확보를 위해서는 처음부터 「비방」이라 불리는 효과적인 대책이 없었기 때문에 지역의 상황에 맞는 관계자가 연계하여 다양한 대책을 모으는 것이 필요했으나, 상호연계는 부분적인 것에 그치고 말았다. 또한 중요하고 매우 긴요한 과제로서 받아들여지고 있긴 하지만, 가능한 것부터 시행되고 있는 경향이 있어 장기적 관점이 결여되어 있는 면도 보인다.

통학로에서 어린이의 안전확보는 인적대응이 기본이다. 그러나 인적대응에도 한계가 있다. 예를 들면 주위의 시선이 미치지 않는 장소는 범죄가 발생할 위험성이 높은 장소가 될 가능성이 있어, 실제로는 위험성이 낮아도 범죄불안감이 높은 장소로 인식될 경향이 있다. 어둠에 있어서도 같은 성향이 나타난다고 할 수 있다. 인적대응이 기본이라고 하더라도 그러한 장소를 항상 순찰하는 것은 곤란하다. 경찰의 증원에는 한계가 있고, 경찰이 항상 경계를 하고 있는 마을은 결코 매력적이라고 말할 수 없기 때문이다. 이후에 소개하는 방법처럼 시설과 수목의 배치를 고려함과 동시에 장소에 따라서는 방범카메라나 긴급통보장치 등의 설비를 활용하는 것이 필요할 것이다. 컴퓨터의 소프트웨어가 하드웨어 없이는 움직이지 않듯이 인적대응의 한계를 물적대응으로 보다 잘 보완해 나갈 필요가 있다.

② 범죄에 강한 마을만들기의 필요성

예전에는 밖에서 노는 어린이들의 모습을 쉽게 볼 수 있었다. 좋은 의미에서의 마을사회가 존재하고, 어린이들을 자연스럽게 지켜보는 어른들의 시선이 있었다. 오늘날과 같이 범죄로부터 어린이를 지키는 것에 대해 신경을 곤두세우고 있는 사회가 아닌 자연스럽게 살아가는 지역사회였다.

그것이 언제부터였는지는 모르겠으나 어린이들이 노는 모습을 지켜보는 경우가 적어지게 되었다. 라이프스타일의 변화와 모터리제이션(motorization)의 발달 그리고 이에 동반하는 도시의 확대와 공동화의 진행 등에 따라 생활 속에서 지역 어른들이 지켜보는 시선은 줄어들게 되었다. 지역사회도 모습이 변했다. 규범의식의 저하와 인간관계의 희박화, 익명사회의 진행 등 사회전반의 변화도 부정할 수 없다. 마을의 체질이 범죄와 폭력행위에 대해 위약화되고 있는 것 같다. 그래서 이러한 사회상황이나 도시환경의 변화에 대해 정면으로 맞서는 것이 우리들이 추구해야 할 일이 되었다.

건축과 마을만들기에 대해서도 마찬가지이다. 방범이 중요한 과제로 인식되게 되었다. 그러나 자물쇠나 담장, 방범카메라, IT기기 등을 이용하여 결과에 대응하려는 방법으로 처리하려는 경향이 있다. 그것을 부정하는 것은 아니지만, 본질적으로는 범죄에 대해 위약한 체질을 범죄가 생겨나기 어려운 체질로 바꾸어 갈 필요가 있다.

범죄에 강한 마을은 위험한 사각지대가 없고 빤히 들여다보이는 시가지나 「사람을 보고 도둑이라고 생각」하게 되는 지역사회를 뜻하는 것이 아니다. 그러한 마을은 당연히 매력이 없으며 지향하지 않을 것이라는 것은 자명한 사실이다. 사람들이 고립되는 일이 없는 도시생활이 즐거운 주택지나 자연환경과 함께 하여 보다 높은 정신적 만족을 얻을 수 있는 시가지, 고령자가 불편함 없이 옥외에 나와있는 아이들을 지켜볼 수 있는 지역사회를 목표로 해야만 한다. 이를 위해서도 시가지의 무질서한 확장을 방지하고, 마을 내에 있는 여러 가지 자본을 활용하여 「자유롭게 걸으면서 생활할 수 있는 마을만들기」를 적극적으로 추진하는 것 그리고 활력이 넘치고 매력있는 마을이 만들어지길 기대해 본다.

2 하드웨어에 관한 과제와 대응책

1) 학교시설에 관한 과제와 대응책

① 방범카메라에 대한 과신

요즘 방범카메라가 설치되어 있는 초등학교는 드물지 않다. 많은 예산을 배정하여 모든 시립초등학교에 설치하고 있는 지자체도 있다. 문부과학성의 조사에 의하면 2005년 3월 전국 17%의 초등학교에 방범카메라가 정비되어 있는 것으로 나타났다.

그러나 방범카메라를 설치했다고 해서, 침입 자체를 저지하는 것에는 한계가 있다. 2003년 12월 교도 우지시(宇治市)의 초등학교에 흉기를 가진 남자가 교실에 난입하여 남자아이 2명을 찌른 사건이 일어났다. 그런데 정문과 통용문 모두에 방범카메라가 설치되어 있었다.

사건직후 보도에서는 방범카메라의 모니터를 아무도 보고 있지 않았다는 것과 학교를 방문하는 사람이 들어오면 알려주는 차임벨 센서를 꺼놓고 있었다는 것을 문제로 삼았다. 그러나 남자가 침입했던 위치는 방범카메라도 센서도 설치되어 있지 않은 제 2통용문이었다. 남자는 그곳에서 걸어서 80m 앞에 있는 현관까지 갔으나 이를 주의깊게 바라보는 사람은 없었다. 현관 옆에는 직원실과 교장실이 있었지만 어느 누구도 알아차리지 못했다. 남자는 직원실 옆의 계단을 올라가 2층에 있는 1학년 교실에 난입했다.

방범카메라와 센서, 인터폰 등은 출입관리시스템 설비에 지나지 않는 것으로, 엄밀히 말하면 방범시스템은 아니었다. 현관 앞의 접수처나 교직원에 의한 수상한 자에 대한 대응 등과 보조를 맞추어 방범대책의 일부를 맡는 기기였다. 방범대책은 형식적이지 않았는가, 감시카메라를 과신하지 않았나, 다시 한번 학교 안전관리에 대한 본연의 자세를 물었던 사건이었다.

② 이케다 초등학교의 엄격한 단속

2004년 4월 오사카 교육대학부속 이케다 초등학교의 신축건물이 완성되었다. 규칙을 이처럼 엄중하게 지키는 학교를 다른 곳에서는 찾아보지 못했던것 같다. 대상부지는 높이 3m의 펜스로 둘러 싸여있고, 주요장소 곳곳에 특수센서가 설치되어 있다. 학교를 방문하는 사람은 경비원이 상주하고 있는 문에서 체크를 받더라도 들어갈 수 없다. 접수는 상시직원이 있는 현관이나, 오토락으로 상시 폐쇄되어 있는 통용문을 통과하여야 비로소 초등학교 부지에 들어올 수가 있다.

교사는 유리로 되어 있어, 학내 어느 곳이라도 어른들의 눈이 살펴보고 머무를 수 있도록 배려되어 있다. 또한 사각지대가 있더라도 10대의 방범카메라가 그것을 커버하고 있다. 교내에 332개의 비상호출장치가 있고, 경보벨은 105개가 있다. 아직 사건에 대한 기억에 남아있는 어린이들이 안심하고 학교생활을 보낼 수 있도록 배려된 결과이다.

범인이 침입했던 통용문은 높이 3m의 펜스로 봉쇄되었다.

총공사비는 약 19억엔으로 모두 국비로 조달되었다. 일반 공립초등학교에서 이 정도의 비용은 희망사항일 뿐이다. 더구나 리모델링이나 대규모 개수공사를 할 수 있는 초등학교는 제한되어 있는 실정이다.

③ 담장이 없는 학교

학교 침입사건이 일어날 때마다 매스컴에 올랐던 초등학교가 있다. 마쿠하리신도심 주택지에 위치하고 있는 치바시 초등학교이다. 학교 주위에 담장이 하나도 없다. 매스컴에 올랐던 이유는 담장이 없어도 괜찮을까 하는 견해가 감추어져 있었기 때문이다.

학교관계자나 보호자의 입장에서 흉기를 가진 사람의 침입에 대한 불안이 있는 것은 확실하다. 그 때문에 학교에서는 수상한 자에 대한 대응방법 강습회나 피난훈련을 반복하고 있다. 보호자도 학교주위의 방범순찰에 적극적으로 참여하여 그 대처의 범위를 넓혀가고 있다. 경비원 도입에 대한 논의도 있었다. 그러나 담장으로 학교를 둘러싸자고 하는 계획은 나오지 않았다.

학교주위의 주택지는 도로를 따라 둘러싸인 형태의 중층아파트가 서있는 계획적인 시가지이다. 이러한 담장이 없는 거리의 모습이 마음에 들어 이주하는 사람도 많다고 한다. 이 초등학교는 학생증가에 따라 2005년 3월에 교사를 증축하였으나 그것과 병행하여 담장을 만드는 일은 하지 않았다. 최근에 개교한 가이하마 초등학교도, 미하마 초등학교에도 담장은 없다. 지역주민 역시 그것을 지지하고 있다. 담장에 둘러싸이면 그 주택지의 매력과 가치를 손상시키는 결과로 이어지기 때문이다.

당초 「열린 학교」란 담장과 교문이 없는 학교를 의미하는 것은 아니었다. 학교와 지역과의 관련성을 깊어지게 하여, 지역의 힘을 학교교육과 학교운영에 활용하는 것을 의도한 방침이었다. 그런데 학교침입사건이 일어나면서 학교 담장과 교문의 유무에 모든 시선이 집중되게 되었고, 그것이 없는 학교를 「열린 학교」의 안전관리와 대비시켜 가면서 평가하는 경향이 나타나게 된 것이다.

예를 들어 담장을 둘러치고 교문에 자물쇠를 설치한다 하더라도, 악의있는 사람의 침입을 완전히 봉쇄할 수는 없다. 사실 2004년에 경찰청에 보고된 학교침입사건 19건 중, 2건은 모든 문이 잠겨져 있는 상태였었다. 학교의 안전관리에 대한 방법은 담장이나 교문만으로 해결되는 것은 아니라는 것을 이해할 수 있다.

2) 주택에 관한 과제와 대응책

① 데이터를 근거로 한 안전점검

예상 밖의 사건이 잇달아 일어났다. 2006년 4월 가와사키시의 아파트에서 일어났던 남아 살해사건도 그 중 하나이다. 어떻게 하면 좋을 지를 생각하기 전에 우리가 인식해야만 하는 것은 신체에 위험을 미칠 가능성은 극히 적었다는 사실이다. 아파트에서 일어난 범죄의 90%가 절도 등의 재산범죄이고, 방화를 포함한 흉악범죄는 1%에도 미치지 않는다는 점을 근거로 판단한다면, 어린이들의 안전확보에 대하여 관리조합 등과 자유로운 대화를 시도해 자구책을 마련하는 것이 중요하다.

예전에 경찰의 협력을 얻어, 어린이들이 실제로 피해를 입었던 아파트의 실태조사를 한 적이 있었다. 보통은 사람의 눈에 띄기 어려운 공용계단 등에 끌려들어간 경우가 많고, 집이 비어있는 평일 오후 3시에서 6시에 피해가 집중하고 있었다.

우리가 사는 아파트는 어떠한가. 가정되는 침입경로나 도주경로 등 도면을 펼쳐 점검해볼 것을 권한다. 이와 같은 대화는 재해시의 응급대응이나 중장기적인 수선계획의 검토기회가 되기도 한다. 빈집털이나 소매치기의 피해가 있었다면, 전문가에게 방범진단을 받고, 방범환경설계의 방법론에서부터 효과적인 방범대책의 조언을 얻는 것이 좋다.

② 방범환경설계의 방안

방범환경설계(CPTED: Crime Prevention Through Environmental)란, 방범발생에 대한 시공간적 상황에 착안하여, 넓은 의미에서의 디자인(계획 · 설계 · 정비 ·

그림 6-1 방범환경설계의 기본방향

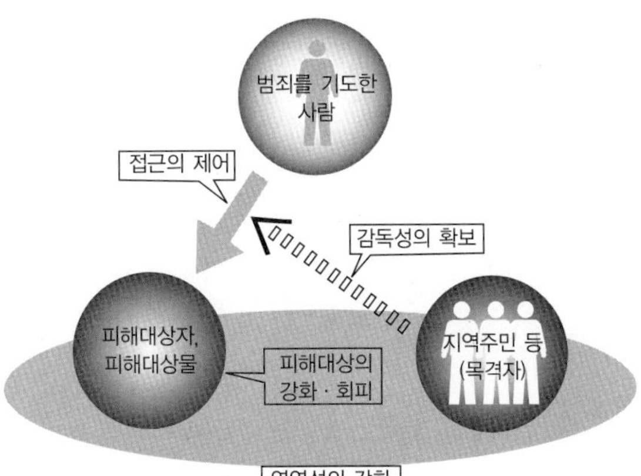

관리)을 통하여 범행할 수 있는 기회를 감소시키는 방안 등을 말한다. 기술적으로는 「피해대상의 강화 · 회피」와 「(범죄기도자의) 접근 제제」라는 직접적인 방안과 「감시성의 확보」와 「영역성의 강화」라는 간접적인 방안으로 분류된다.

종래 일본에서는 지역커뮤니티에 의한 인포멀한 사회통제와 연결된 간접방안을 중심으로 범죄예방을 도모하여 왔다. 그러나 최근에는 지역 커뮤니티의 쇠퇴와 거주자의 자위의식 향상에 발맞춰, 직접적인 방안 즉 「피해대상의 강화 · 회피」와 「접근 제제」로 중심이 이동하였다. 특히 주택에 있어서는 그 경향변화가 현저하다.

③ 주택의 침입대책에 내재하는 과제

종래의 주택은 침입행위에 대해 물리적으로 취약했다. 외국과 비교해보면 자물쇠 · 문 · 유리 · 철책 등은 아무래도 파괴행위에 대해 강하지 못했다. 특히 강화할 필요성이 없었다고 하겠으나, 국제적인 절도단이 암약하는 지금은 개구부에 대한 침입대책이 중요한 과제가 되고 있어, 현관문이나 창문에 「방범성능이 높은 건물부품」이 채택되고 있다.

아파트의 경우, 엘리베이터나 공용계단 등의 밀실공간이 어린이 성범죄의 장소가 되기 때문에 주거동 내부로의 침입대책도 중요하다. 최근에는 공용현관의 오

그림 6-2 주변으로부터의 시야 확보

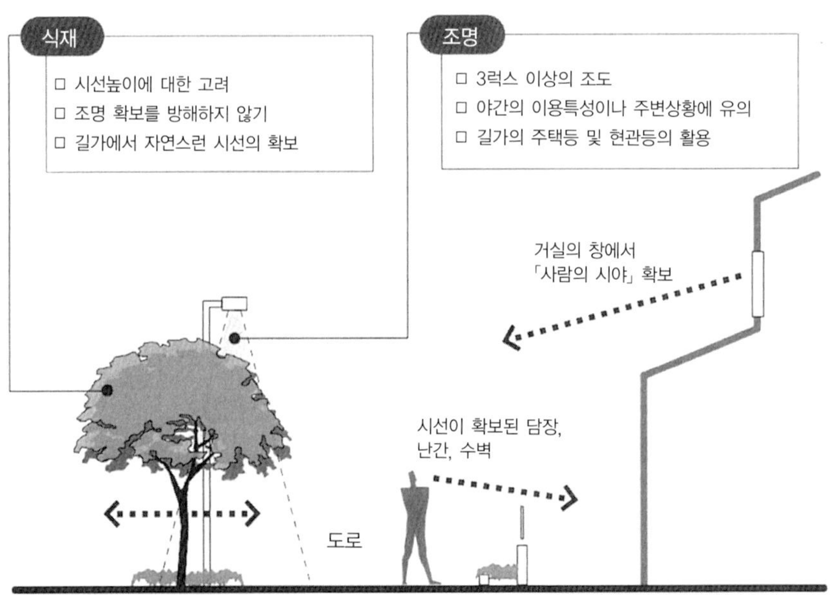

토락시스템에 바이오매트릭스(생체인증) 기술을 채용하는 아파트가 늘고 있다.

이러한 침입대책은 방범상 중요하긴 하나, 안전한 영역에 몸을 숨기는 「요새 심리(fortress mentality)」의 문제를 내재하고 있다. 거주자에게는 범죄피해에 대한 불안감을 높이고, 외부 방문객에 대해서는 배타적 공간이 되어, 결과적으로 공공공간에 대한 관심이 저하되는 현상을 초래하여 오히려 위험성이 증대된다는 문제를 야기시키고 있다.

④ 조망확보의 중요성

부지 안으로의 침입 제지를 위해 주위를 벽으로 둘러쌓아 놓은 주택을 볼 수 있으나, 오히려 이것이 사각지대의 원인이 되어 침입이 이루어지는 경우나 2층으로의 침입을 위한 발판이 되는 경우가 적지 않다. 또 도로변에 있는 아파트의 경우, 1층 주택에 침입피해가 많은 것도, 1층에는 현관을 설치하지 않고 공용 현관홀이나 주차장, 자전거보관소로 이용하고 있는 공동주택이 많이 보이는데 이것도 도로에 있는 사람들의 시선이 미치기 어려운 상황을 만들어내고 있기 때문이다.

개인주택의 침입피해실태조사에 따르면 도로에 접하고 있지 않는 개구부에서의 침입이 대부분을 차지하고 있다. 바꾸어 말하면 도로에 접한 개구부를 통해서는 도둑질하기 힘들다는 의미가 된다. 부지에 대한 조망확보는, 도로에 있는 사람의 시선을 갖는다는 것이다. 결국 집 앞을 통행하는 어린이들에게 있어서도 안전하고 안심할 수 있는 공간을 만들어 주는데 기여하는 것이 된다.

3) 도로에 관한 과제와 대응책

① 주위에서의 조망 확보

도로와 접하고 있는 노후된 블록담은 지진시 파괴될 우려가 있다. 또한 경관상 바람직하다고 할 수 없다. 상호 조망할 수 있는 구조로 만들면 방범상의 효과도 기대할 수 있으므로, 법정지구계획이나 건축협정 등에 있어 담장, 벽 또는 펜스 등에 관한 규칙을 만드는 경우에 방범의 관점을 추가하여 검토하는 것이 바람직할 것이다.

도로주변의 식재는 가지와 잎이 무성하면 주변에서의 조망이나 가로등의 조명 확보를 방해할 우려가 있으므로 적정한 시기에 점검하여 전정을 시행함과 동시에 수종선택이나 수목배치에도 유의할 필요가 있다. 교목은 시선 위쪽에 수관이 형성되는 수종을 선택하고, 관목은 시선을 연속적으로 가리지 않도록 배치한다면 경관형성을 비롯한 녹음기능을 손상시키는 일 없이 조망을 확보할 수 있다.

교토시에서는 학교의 모든 담장을 그린벨트로 하는 「꽃과 녹음의 그린벨트사업」을 추진하고 있다. 이것은 지진과 재해대책으로 광역피난도로에 접하고 있는 학교를 대상으로 시작했던 사업이다. 시민들의 평판이 좋아서 다른 학교에서도 실시하게 되었으나 예산에 한계가 있었다. 그래서 지역과 학교가 공동으로 관리하는 체제가 정비된 곳부터 순차적으로 정비를 진행하고 있다. 결과적으로 주위에서 「사람들의 눈」이 집중되게 되어 방범상의 효과도 기대되고 있다.

교토시 「꽃과 녹음의 그린벨트 사업」

② 어두움의 해소

도로조명은 방범상 적어도 3룩스 이상의 평균 수평면조도를 확보하는 것이 바람직하다고 한다. 이것은 4m 앞에 있는 사람의 움직임을 알 수 있는 밝기이다. 조도는 밝을수록 좋은 것만은 아니다. 필요 이상으로 밝게 하면 눈부심이 지나쳐 보기 힘들어진다. 밤에 수면이나 농작물의 성장에 방해를 주지 않도록 하고, 에너지 절감에 도움을 줄 수 있는 밝기가 좋다. 중요한 것은 가능한 한 밝기의 낙차를 줄여주면서 어둠을 해소하는 것이다.

아이치현 가스가이시에서는 1993년 이후 가스가이시 안전한 마을만들기 협의회가 중심이 되어 어두움 진단을 실시하였다. 그 진행방법에서 시사하는 바가 많았다. 먼저 마을회 등과 조정하여 중학교 구역 사방 500m마다 조사구역을 설정하고 주민설문을 실시하였다. 설문에는 30m 메쉬의 구획으로 구역을 나누어 놓은 지도에, 어두움을 개선한다면 안심할 수 있는 장소를 기입하게 하였다. 다음으로 현지조사를 시행하여 어두움을 확인하고, 쌍방의 조사에서 회답자의 40% 이상의 요청이 있었던 구획을 대상으로 어두움의 해소방법을 검토하였다. 그리고 시에는 가로등의 설치를 요청하고, 마을회에서는 방범등의 설치나 정문등의 점화를 요청하였다. 한정된 예산으로 어두움 해소에 필요한 장소에 적절한 조명을 확보하는 효율적이고 효과적인 방법이다.

한편 고베시에서는 정문등이나 현관등에 의한 「집집마다 등 달기 협정」[9]을 통해 어두움 해소를 꾀하고 있다. 이 협정은 방범뿐만 아니라 조명등의 연출에 따른

9) http://www.kobe-toshiseibi.or.jp/matisen/1jouhou/seidosyokai/tiiki/jc2a01.htm

경관형성, 지역의 활성화와 연대감의 양성까지도 목적으로 한 것으로, 조명의 점등시간이나 빛의 색, 새롭게 설치하는 담장의 높이 등을 정하고 있다. 고베시는 협정을 만들어내기 위하여 컨설턴트를 파견하고, 현황조사 및 개선계획의 검토, 합의형성을 지원함과 동시에 정비에 필요한 비용을 일부 지원하고 있다.

③ 교통안전을 겸한 대책

보행로와 차도 사이에 식재대나 가드레일을 정비한다면, 교통안전뿐만 아니라 오토바이에 의한 낚아채기나 차에 의한 날치기를 미연에 방지하는 데도 도움이 된다. 그러나 차도와 보행로가 분리되어 있는 도로는 제한되어 있다.

나고야시립 시로자와 초등학교 지역의 「방범 모델도로」는 교통안전을 겸한 선진사례로 널리 알려져 있다. 계기는 1981년 7월에 초등학교 근처 도로에서 여중생 2명이 5분 동안에 잇달아 목이 졸려 죽었던 이른바 「묻지마 사건」이었다. 사건의 재발을 막기 위해, 지역주민이 중심이 되어, 학교 · PTA, 경찰이나 토목사무소 등 관계행정기관이 협력하여 검토협의회를 발족시켰다. 협의회는 현장상황을 조사하면서 검토를 반복하였다. 현장은 농지가 침식된 상태에서 택지화가 진행된 주택지였다. 즉시 관계자의 협력을 얻어 잡초더미를 화단으로 바꾸고 사람이 살지 않는 빈집을 철거하였다. 그리고 보행로의 정비, 방범등이나 가로등의 증설, 공중전화부스나 방범벨의 설치 그리고 통보훈련 및 순찰활동을 진행하였다.

그 결과, 범죄건수는 전체적으로 감소하였고 보호자의 안심도도 높아졌다. 그러나 여기에서 손을 놓는 것이 아니라 다시금 전개해 나가는 것이 중요하다고 판단하여 학교의 스쿨존을 커뮤니티 도로로 정비하는 활동을 시작하였다. 다시 협의회에서의 검토가 반복되었다. 그 결과, 정문 앞의 공공도로는 커뮤니티 도로로 정비되었고, 그것에 맞추어 학교의 기존 블록벽이 잘 조망되는 경계펜스로 개선되어졌다. 이것은 최초의 대처로부터 5년 경과한 1987년의 일이다.

커뮤니티도로[10]의 정비에 의해 통과교통이 억제되어 쾌적한 보행공간이 탄생되었다. 이 길을 걷는 사람이 증가되었고, 학교의 주변에 어린이들을 지켜보는 자연스런 「사람들의 눈」이 늘어나게 되었다. 지역의 어린이들을 지키려는 대처를 계기로 다양한 관계자가 협력하여 공공공간의 개선을 도모하는 움직임들이 확대되게 된 것이며, 이는 공공공간의 개선활동이 어린이들을 지키는 방범대처로 이어지는

---

10) 커뮤니티 도로: 주택지나 상가에서 보행자를 우선으로 하고, 안전성 및 쾌적성을 중시한 구조 만들기를 한 도로의 총칭. 구체적으로는 보행로의 폭을 충분히 확보하고 차도부분을 구불구불하게 하거나, 차도에 속도방지턱 같은 것을 설치하거나 하여 차량의 통행속도를 감소시켜 통과교통량의 감소를 도모하는 것임.

나고야시립 시로자와 초등학교 지역의 「방범 모델도로」

결과를 가져온 좋은 예라 하겠다.

4) 방범진단에서 마을만들기로

① 계획단계에서의 네거티브 체크

지금까지의 도시개발이 효율성이나 경제성에 우선한 나머지 범죄라는 네거티브한 문제를 경시해 왔다는 것을 부정할 수는 없다. 예를 들어 시가지 정비사업에 따라 정비된 공원은 경제적 가치가 낮다는 이유로 남는 자투리땅에 배치되는 일이 있었으나, 그것이 때로는 범죄가 일어날 불안감이 높은 데드스페이스가 되는 경우가 있다. 그 일례를 소개해 보자.

어느 역 앞의 토지구획정리사업에서 철도의 연속 입체고가도로를 따라 작은 공원을 여러 개 배치하고, 보행자전용도로로 그것들을 연결시켰다. 공원 북쪽은 고가도로 밑의 공간이다. 그리고 주위의 주택 북쪽에 공원이 위치하고 있기 때문에 공원 쪽으로 거실을 배치하는 경우는 거의 없다. 게다가 소음방지를 위해 창문을 닫고 있기 때문에 주택이 인접해 있음에도 불구하고 공원을 향한 거주자의 시선과 감시를 기대할 수 없는 실정이다. 또한 역에서 연결되는 보행자 전용도로는 상점이 없기 때문에 인적이 드물고, 자동차에서 바라보는 시선도 기대할 수 없다. 그렇기 때문에 공원과 역을 연결하는 도로는 어린이 납치나 성범죄 등의 불안감이 높은 데드스페이스가 될 우려가 있다. 이러한 네거티브 체크를 계획단계에서 시행한다면, 방범카메라의 설치나 야간조명의 증설, 주민순찰 등 각종 자원을 투입하지 않고도 해결할 수 있을 것이다.

데드스페이스가 되는 사례는 개발행위에 따라 제공되는 공원의 경우에서도 볼 수 있다. 생활안전조례에 근거한 지침을 보면 주위로부터의 조망확보 등 유의사항이 제시되어 있으나, 관계자의 이해가 미치지 않는 경우도 있어 정확한 운영이 이루어지지 않는 상황이 연출되는 경우가 많다. 개발지도 조례 또는 개발지도 요강과 연동된 사전 네거티브 체크와 적절한 유도가 요구된다고 하겠다.

② 통학 안전맵에 근거한 문제장소의 개선

앞에서 언급한 바와 같이 통학 안전맵 만들기는, 문제를 공유하고 방범의식이나 위기에 대한 회피능력을 높여준다는 점에서는 효과적이나 그것만으로 끝나는 케이스가 적지 않다. 따라서 자칫하면 불필요한 불안감을 안겨줄 우려가 있다.

가스가이시의 「가스가이 안전 · 안심 마을만들기 여성포럼 실행위원회」의 맵 만들기 방법은 시사하는 바가 크다. 문제장소의 맵뿐만 아니라 자원맵(Accent map)도 작성하고 있다. 방범상 문제가 되는 장소뿐만 아니라, 안전하고 편안한 장소도 표시한다. 또 어린이뿐만 아니라 마을회나 부녀회, 노인회에도 참여를 유도하여, 그룹별로 맵을 작성하고 있다. 이것에 의해 세대별 관점 및 평가의 차이 그리고 세대를 넘어선 공통사항을 인식하는 과정을 통해 공동의식을 높여간다. 특히 방범 뿐만 아니라 방화, 교통안전, 환경의 관점에서 다양한 각각의 맵을 작성한다. 그것을 서로 겹쳐서 맞춰보는 과정을 통해 문제의 중요성 및 과제의 프라이얼리티(Priority, 우선순위 매기기)를 짐작하고 있다.

나고야시의 시라야마 초등학교 지역에서 시행한 맵 만들기에서는, 국도에 설치되어 있는 지하도가 이용되지 않는다는 사실에서, 방범상 위험하며 쓰레기가 많고, 어린이들은 교통사고의 위험을 느끼면서도 국도를 횡단하고 있다는 사실이 확연하게 드러났다. 한편 통학로로서 이용되고 있는 지하도에는 벽면에 그림이 그려져 있으며, 어린이들도 청소에 참여하고 있다는 사실도 알게 되었다.

여기에서 여성포럼 실행위원회는 문제의 지하도를 통학로로 이용할 수 있도록 시라야마 초등학교와 관계기관을 움직였다. 그 후 그 지하도에 어린이들에 의한 벽화가 그려지게 되었다. 지하도 입구는 교통당번이 지키도록 하였다. 청소활동에는 부녀회나 노인회도 참여하게 되었다.

지하도 이외에도 어두운 장소에는 실외조명을 설치하고, 교통량이 많아 날치기 우려가 있는 보행로에 가드레일을 정비하는 등 문제가 지적된 장소의 개선을 관계기관과 연계하여 추진하고 있다.

5) 마무리

이치가와시 초등학교 지역에서는 등하교시 초등학생에게 말을 걸어오는 사안이 빈번하게 발생하고 있다는 이유로 초등학교 교직원이 등교시에 그리고 PTA의 자원봉사자가 하교시에, 각각 순찰을 시작하였다. 한편 자치회에서는 날치기가 자주 발생하여 범죄에 대한 불안감이 높아지고 있었으므로, 자치회가 주 1회의 야간순찰 및 방범등의 증설을 추진하였다. 각각 적극적으로 대처하고 있었으나 상호 연계강화와 지속적인 활동전개가 문제가 되었다. 그래서 자치회, PTA, 상업단체, 경찰, 이치가와시 관계자에 의해「초등학교 주변지구 방범마을 만들기 검토위원회」를 발족하였다. 검토위원회는「범죄로부터 어린이들을 지키는 마을만들기의 추진」을 테마로 하여, 학교 부근의 범죄발생상황을 파악하고, 지역에 대한 방범진단(범죄발생이 우려되는 장소와 어두움 등에 대한 현지조사), 각 단체의 대처상황의 파악과 정리 등을 시행하였다. 그리고 그것들을 파악한 후에「방범마을 만들기 제안[11]」이라는 계획을 정리하여 대내외에 발표하였다.

이 계획의 특징은 대처 항목별로 실시주체와 실시협력의 관계주체를 명기했다는 점이다. 종래 추상적으로 거론되어왔던 관계주체의 역할과 연계, 협력의 대상이 구체적으로 더욱 명확하게 제시되고 있다. 내용을 관계주체별로 살펴보면, 학교는 어린이들의 안전관리나 안전교육 뿐만 아니라, 맵 만들기나 녹화 · 청소활동 등 지역에서의 환경학습 실천을 방범의 조직으로 자리매김한다. 그리고 PTA는 지역에서의 대처에 비중을 두고, 학교뿐만 아니라 자치회와의 연계협력을 도모한다는 내용으로 되어 있다. 다른 지방, 시의 대처는 전술했던 조례에 기초하고 이치가와시의 방범 마을만들기 기본계획에 따르는 내용으로 되어 있다. 이치가와시에서는 초등학교 지역의 대처와 병행하여 동기본계획의 검토를 시행했기 때문에 관계부과와의 조정도 동시에 진행할 수 있었다.

범죄로부터 어린이를 지키는 대처방안에는 유감스럽게도「비법」이라 불리는 것은 없다. 그렇기 때문에 관계자가 상호연계하고, 다양한 대처를 반복 시행하는 것이 요구된다고 하겠다. 최근 각지에서 실험적으로 시행되고 있는 무선 IC 태그(전자꼬리표)를 비롯해, GPS(전지구 위치파악시스템)나 GIS(지리정보시스템) 등의 최첨단기술은 인적대응을 보완하는 수단으로는 유용하다. 그러나 그것에도 한계가 있다. 중요한 것은 관계자의 상호연계와 협력이며, 우리 주변의 거주환경을

11) http://www.city.ichikawa.chiba.jp/bohan/data/onitaka.pdf

개선하는 마을만들기의 조직구성이다. 앞에서 소개한 사례들은 어떤 범죄에만 특화된 내용이라고는 할 수 없다. 범죄로부터 어린이를 지키는 대처방안 모색을 계기로, 지역커뮤니티나 시가지 환경에 관한 과제해결을 진행할 수 있다는 가능성을 시사하고 있다.

지역에서 만드는 안전한 마을만들기 | 3

1) 들어가며

약 10년 전부터 인터넷으로 패밀리용 홈페이지를 기획 운영하는 사업을 하고 있는데, 많은 보호자들과 접하면서 「어린이를 보호하는 것에 대한 불안을 느끼고 있지만, 지키기 위한 정보가 부족하다」고 생각하는 사람이 많다는 것을 알 수 있었다. 많은 정보로부터 자신에게 맞는 정보를 선별해내는 것이 어렵다는 것이다. 그래서 특히 유익한 정보를 선택하여, 불안해하는 보호자가 쉽게 접할 수 있도록 링크집을 메인으로 하는 사이트 「어린이 위험 회피연구소」를 설립한 것은 1999년의 일이다.

2) 어린이를 둘러싼 위험과 그 대책

위험에 대한 대책을 찾아내기 위하여, 우선 불안의 근본원인이 되는 위험의 정체를 찾아 낼 목적으로 전국 약 천 명의 보호자에게 앙케이트 조사를 시행하였다. 그 결과, 「어린이를 둘러싸고 있는 위험」을 「사고, 범죄, 괴롭힘 · 따돌림, 질병, 환경문제 · 재해」의 여섯 분야로 나누어 생각하는 것으로 하였다.

각 분야에 전문가가 있기는 하나, 수직적인 행정 때문에 통합적으로 「어린이의 안전」에 대해 감시 · 감독 하는 것이 어렵게 되어 있다. 그러나 부모를 비롯한 성인들은 그 모든 분야에 균형있게 주의를 기울일 필요가 있다는 것을 재확인 하여야만 한다. 그러나 그 여섯 분야에서 가장 어렵고 근절할 수 없는 분야가 바로 「범죄」 대책이다.

범죄는, 경우에 따라 어떤 대응을 해야 하는지 상황에 따라 달라질 가능성이 높다. 범죄벨을 눌러 역으로 상대를 자극 해버리는 경우가 없다고는 말할 수 없다. 어린이용 휴대전화나 GPS도 보급되고 있지만, 그 때문에 새로운 범죄가 발생할 가능성도 생겨나고 있다. 이것은 범죄연계상품에 국한된 것은 아니다. 어떤 편리한 것에도, 흥미롭고 재미있는 것도 그 이면에는 위험성이 숨겨져 있을 수 있으므로 함께 찾아보아요! 라고 어린이에게 호소하고, 위기관리의식을 가진 생활을 익히도록 지도할 필요가 있다. 우선은 가정에서 교육하고 지켜보는 것이 매우 중요하지만, 특별한 사정이 있어 가정에서 교육을 받을 수 없는 어린이도 많이 있다. 그것을 보완해주는 것이 학교나 지역의 역할이라 할 수 있겠다. 가정, 학교, 지역 각자가「스스로가 해야 할 교육」을 생각해, 의견을 가지고 모여 어린이들의 안전도를 높혀 가도록 하는 작업이 매우 중요하다.

흉악사건이 지속적으로 발생되는 경우도 있어, 도대체 어떻게 해야 좋을지 몰라 포기해버린다는 말을 듣는 상황도 나타나게 되었다. 보호하고 싶은 부모와, 지켜주고 싶은 지역이 있긴하지만, 의지의 소통이 원활하지 못하여 서로에게 불만만을 호소하게 되는 사례도 자주 볼 수 있다. 그러나 어른들이 할 수 있는 것은 크게 두 가지 사항이라는 점은 변하지 않을 것이다.

① 어린이의 위험회피능력이 향상되도록 지원하는 것
② 어린이가 범죄나 사고에 말려들기 힘든 환경을 만드는 것

①에서 말하는「위험회피능력」에서 가장 중요한 것은 먼저 위험을 예측하고 미연에 막는 능력이다. 그리고 혹시 막지 못했을 경우에는 피해를 최소한으로 억제할 수 있는 능력을 말한다. 이러한 능력을 연마하는데는, 무엇이 일어날지를 예측하는「상상력」, 다음에 어떻게 대응할까를 생각하는「판단력」, 즉시 행동으로 옮기는「순발력」, 위기를 회피하기위해 필요한 정보를 모으는「커뮤니케이션력」, 동요하거나 패닉에 빠지지 않기 위한「정신력」 등의 총체적인 힘이 필요하다. 목표는 각각의 장소에서 임기응변으로 대응할 수 있는 힘을 기르는 것이다. 이것은 어린이가 자립하고 살아가기 위해서도 대단히 중요한 능력이라 말할 수 있다.

그렇다면 구체적으로 어떠한 지도를 하면 좋을지를 생각해보자, 자주 질문 받는 것은「어린이를 집에 혼자 둘 때에 무엇을 주의하면 좋을까」인데, 여기에서「어린이가 집을 혼자 지키지 않도록 할 수는 없나요」라고 답하는 것은 매우 곤란하다. 물론 혼자서 있는 시간에 범죄에 말려드는 일이 많으므로 위험도가 증가하게 되는 것은 당연한 일이다. 그러나 현실적으로는 집을 혼자 지키고 있는 어린이도 많기 때문에 위험도를 낮추기 위하여 위에서 제시한 두 가지 사항을 고려할 필요가 있다.

①의 경우는 어른에게 가능한 것은 무엇이 있을까? 예를 들면 어쩔 수 없이 혼자 집을 지키게 되는 경우, 혼자서 열쇠를 열고 집에 들어가는 일이 많다. 그 때 어

떠한 주의를 해야 하는 지를 어린이에게 알려주는 것이 좋다. 구체적으로 말하자면, 우선 열쇠를 보이면서 걷지 않는다. 그리고 집 앞에 도착하면 주변을 살펴라. 이는 문을 열었을 때 뒤에 있던 사람이 함께 들어오거나, 밀고 들어오는 경우도 있기 때문이다. 그리고 벨을 눌러 빈집이 아닌 것처럼 보이도록 한다. 그리고 혹시 안에 빈집털이 등이 있다면 무슨 소리가 날 가능성이 있으므로, 집에 이상이 없는지 귀 기울여 본다. 그리고 가능하면 빠르게 열쇠로 열고 「다녀왔습니다」라고 말하면서 방으로 들어와 곧 열쇠를 잠근다. 이것을 부모와 아이가 연습해 둔다면 어린이 안전도는 한층 더 높아지게 될 것이다.

무엇인가 있다면 큰소리로 「도와주세요」라고 소리치는 것도 중요하다. 상대와 눈이 맞춰지게 되는 경우, 상대가 어린이를 노려보게 되면 더 소리를 내기 힘들어진다. 그러한 경우에는 상대의 어깨 너머로 시선을 피하게 되면 성대가 열려 소리를 내기 쉬워진다. 또 매일 「안녕하세요」라고 학교에서 큰소리를 내는 연습을 해두면 위급한 상황에 소리를 내기 쉬워진다고 어린이를 격려하는 것도 중요하다.

또한 소리를 내기 힘들 때를 위해, 방범벨의 사용방법도 연습해두면 좋을 것이다. 최근에는 휴대전화에 방범벨이 달려있거나, 위험을 느낄 때에 긴급버튼을 누르면 경비원이 와주는 위치정보서비스 기종 등도 있다. 다양한 경우를 예측해보고, 자신에게 맞는 기종을 골라 쓰는 것도 어린이의 방어능력을 향상시켜 주는 하나의 수단이 될 수 있다. 최근에는 인터넷 등에 매스컴이나 사람들의 사용후기가 많이 올려져 있으므로, 그런 것을 찾아 검토해서 선택하고, 그것을 최대한 능숙하게 활용하기 위한 연습을 해야 한다. 건전지가 들어있는 것은 전지를 체크하는 방법이나 여분전지를 준비하도록 하여 관리의식을 높여 주는 것이 좋다.

②의 측면에서는 어떨까요. 우선 혼자 집을 지키지 않도록, 관공서나 인근 주민에게 잠깐 부탁하는 방법은 없는지 상담을 해본다. 또한 집의 방범시설을 견고하게 하는 것이 중요하다. 혼자 집을 지키고 있을 때에 누가 찾아오게 되면, 집에 사람이 없는 것처럼 행동하는 사람들이 많다. 그러나 빈집털이는 초인종을 눌러서 빈집임을 확인하고 들어가는 경우가 많다. 빈집이라 생각하고 들어왔는데, 어린이가 있게 되면 예전에는 도망쳤겠지만, 최근에는 범죄가 흉악화 되는 성향이 있어, 어린이에게 위해를 가할 가능성이 있다. 그것을 막기 위해서는 현관의 도어열쇠를 열기 어려운 것으로 하고 원 도어록으로 하거나 문에 보조 잠금장치를 하는 등 기본적인 방범을 확실하게 하도록 한다. 빈집털이가 2개의 집을 놓고 어디로 들어갈까 생각할 때, 선택될 수 없는 집으로 하는 것이 방범의 기본이다. 이기적으로 들릴지 모르겠으나, 우선 「자신의 것부터 시작하자」라는 것이다. 그리고 그

것이 좋은 방법이라고 주위에 전달해 줄 수 있다면, 그 지역, 마을의 안전도는 높아질 것이다. 어두운 마을을 밝게 하기 위해, 20W 정도의 문등을 밤에 켜두는 활동도 확대되고 있는데, 이것은 한달에 130엔 정도의 전기세를 부담함으로써 지역의 안전도를 높일수 있는 좋은 예라 하겠다.

이런 이야기를 하면, 마치 요새와 같은 집에 살면서 밖으로 한발짝도 나가지 않고 사는 것이 좋을 것인가 하고 생각할지도 모르겠으나, 그런 환경이라면 인간답게 생활하는 것이라 할 수 없다. 집에서의 방범은 기본적인 사항이지만, 그 보다 범죄를 실행하기 어려운 마을만들기를 해나가는 것이 중요하다. 사람과 사람과의 관계가, 하드면에서의 방범을 돕는 작용을 하기 때문이다. 어린이를 보호하기 위해서는 사람의 시선을 늘리는 것이 중요하다. 인사할 수 있는 사이가 되는 사람이 어느 정도나 많은가, 그 사람들이 어떻게 연계되어 어린이를 지켜보는 눈을 늘려갈 것인가를 생각하면 되기 때문이다. 어린이의 등하교 시간에 애완견의 산책이나 꽃에 물을 주면서 주위의 모습을 보는 것만으로, 범죄를 저지르기 쉽지 않은 장소로 바꾸어갈 수 있을 것이다.

그것과 동시에 학교나 공원 등 범죄 가능성이 높은 장소는 입구를 한 곳으로 한정하여 출입을 체크하거나, 펜스로 둘러싸거나 하여 범죄를 시도하는 사람이 침입하기 어렵도록 하자. 높은 벽으로 만들게 되면 일단 안으로 들어오게 되면 밖에서 보이지 않기 때문에 오히려 위험해지므로 펜스로 하거나 불필요한 나무는 잘라내어 시야를 확보하는 것도 중요하다. 하드와 소프트의 균형을 생각한 대책마련이 필요한 시점이다.

3) 어린이에게 힘을 주고, 마을의 안전도를 높이는 「지역의 안전맵 만들기」

어린이에게 위험회피능력을 키워줄 뿐아니라, 지역의 방범을 강화하는 양면적인 효과가 있는 것이 「지역의 안전맵 만들기」이다. 이것은 어린이가 중심이 되고 어른과 함께, 범죄가 일어나기 쉬운 장소를 체크하며 마을을 걷고, 그것을 맵으로 정리하는 작업을 말한다. 어린이 자신이 위험한 장소를 발견하는 힘을 길러줌으로써, 피해를 미연에 방지하는 것을 목표로 한다. 「사람들의 눈에 잘 뜨이지 않는 장소」와 낙서나 쓰레기가 흩어져 있는 「관리가 미치지 않는 장소」, 「어두움」 등의 범죄가 일어나기 쉬운 장소가 자신의 마을에도 존재하는 것을 인식한다면 범죄대책이 다른 사람의 일은 아니라는 것을 느끼게 될 것이다. 작업 중에 상점주인이나

위험한 장소를 체크하면서 마을을 걸어보기

통행인에게도 인터뷰를 해보았다. 「어린이가 범죄를 당할 것 같은 장소는 없습니까?」, 「방범 활동을 누구에게 시키고 있습니까?」 등의 이야기를 물어보니, 어린이들의 커뮤니케이션 능력의 향상에도 유용하고, 인사와 예의 등을 가르치는 장소로의 활용도 되는 것 같았다. 마을 사람들은 어린이들이 방범을 위해 맵 만들기를 하고 있다는 사실을 알고 나서 적극적으로 협력해 주었으며, 마을 사람들의 의식향상에도 도움이 되었다.

어린이들은 위험한 장소를 스스로 찾아, 결국 사전에 위험을 예지하고 가까이 가지 않는 등의 대응을 할 수 있게 되었고, 지켜주는 사람들의 존재에도 용기를 얻는 것 같았다. 아울러 위험한 장소뿐 아니라, 도망칠 장소도 동시에 확인해 두는 것도 중요한 일이다. 구체저인 지역 안전맵의 만들기 방법에 대해서는 「지역 안전맵 제작매뉴얼」을 참고하기 바란다.

4) 마무리

어린이를 피해자로 혹은 가해자로 만들지 않기 위해서는 다양한 입장에 처해있는 사람들이 모여, 어린이를 보호하는 방법이나 마을안전도를 높이는 방법에 대해 대화를 나누는 것이 무엇보다 중요하다. 지역에 따라 독특한 환경도 있기 때문에 그 점에 주의하면서 어린이의 능력을 높일 수 있는 지원방안으로 무엇이 가능할까, 환경을 어떻게 개선해가야 하는가를 함께 생각해보아야 한다.

할 수 있다면 어린이들도 함께 생각할 기회를 만들어보자. 어린이를 대상으로 한 강의를 하면서 느낀 점은, 어린이들은 상상 이상의 힘을 가지고 있다는 것이다. 전에 열렸던 환경개선에 대한 회의에서, 한 중학생의 「좀 더 대화의 장을 갖고 싶어요. 어린이가 움직이면 어른도 따라 옵니다」라고 말하는 것을 보고 눈이 번쩍 뜨이는 기분이 들었었다. 어린이는 지켜주어야 하는 존재가 아니라, 함께 마을을 지키는 존재였던 것이다. 그러나 그런 일에 신경을 쓰지 않는 어린이도 많으므로, 맵 만들기를 한 후 함께 마을의 청소나 낙서지우기, 폐품회수 등의 활동을 하여보자. 마을의 안전도를 높이기 위해 공헌했다고 하는 생각은 어린이의 마음에 기쁨을 줄 것이다. 어린이들을 위해 떡만들기 대회 등 축제나 이벤트를 실시하고 있는 지역에서는, 동시에 간단한 방재훈련이나 구급 구명연습 등을 프로그램 속에 포함시켜 보자. 일년에 한번쯤 방범에 대해 생각하는 것이 아니라 자연스럽게 위기관리의식을 갖고 생활하는 것이 습관이 되도록 하기 위해서는 방범 이외의 위험에 대해서도 이야기를 나눌 기회를 갖는 것이 좋다. 염려하는 마음을 갖고 서로 힘을 내어 함께 마을의 안전도를 높여가고자 하는 강한 의지, 어른들의 자세를 어린이들은 받아 이어갈 것이다.

위험을 피하는 100% 완벽한 방법은 없다. 그러나 작은 제안들을 매일매일 쌓아올려, 계단을 하나하나 오르는 것처럼 어린이가 자라는 마을의 안전도를 높여가도록 하자.

끝으로 실제로 어떠한 작은 제안을 하면 좋을까, 필자가 들었던 몇 가지 이야기를 소개한다.

- 사건이 있었던 집 앞의 공터에, 마을사람들이 꽃을 가져다 놓아 「추렴 화원」을 만들었던 지역이 있다. 이에 따라 꽃을 보살피는 사람과 꽃을 보러오는 사람이 늘어나 한적했던 길이 바뀌게 되었다. 불필요한 비용을 들이지 않고, 마을의 안전도를 높인 좋은 사례이다.
- 초등학교 교장선생님과 마을회장의 이름으로 어린이들의 등하교 시각을 회람판이나 편지로 알리고, 지켜보도록 당부했다는 이야기도 있다. 보호해 주고 싶어도 무엇을 해야 할지 모르는 사람에게 구체적으로 부탁하는 것은 중요하다. 마을 게시판에 관할경찰의 정보나 어린이들이 그린 방범포스터를 붙여 놓는 것 그리고 어린이를 대상으로 하는 방범퀴즈를 게시하는 것도 효과적이다.
- 현관 앞의 꽃에 물을 주거나, 청소를 하면서 동시에 어린이를 지켜보라는 당부를 하고 있는 곳은 많을 지도 모르겠으나, 차별화된 제안으로 「어린이를 발견하게 되면, 보이지 않을 때까지 지켜봐주세요」라고 부탁하고 있는 지역도 있다. 이 제안으로 어린이가 보호되는 범위가 보다 확대되는 것이다.

무엇인가 한 가지라도 구체적인 제안을 하는 것이 가능하다면, 단계가 상승하는 것을 실감할 수 있을 것이다. 이제 오늘부터 무엇인가 시작하도록 기원해본다.

칼럼 1

휴대전화 등의 위치정보서비스는 어린이를 지킬 수 있을까?

어린이가 있는 장소를 알기 쉬운 방법이기는 하나, 무슨 일이 일어난 순간에는 어린이의 신변을 지켜주는 것이라고는 말하기 어렵다. 어린이들에게 위험회피능력을 길러주는 것, 마을의 안전도를 높이는 것을 병행하여 추진해야 한다. 또한 오차가 있는 것이기 때문에 오히려 불안을 느끼는 경우도 많은 것 같다. 어린이도 커뮤니케이션으로 행동범위를 알려주는 것, 평상시에 여러 번 사용하여 환경에 따른 오차를 파악해 두는 것이 위치정보서비스를 능숙하게 사용할 수 있는 요령이 될 것이다.

■ 참고문헌

中村攻「어린이는 어디에서 범죄와 만나게 될까. 범죄공간의 실정 · 요인 · 대책」, 정문사, p.235, 2000.

山本俊哉「방범 마을만들기. 어린이 · 거주지 · 지역을 지키자」, 교우세이, p.207, 2005.

山本俊哉「방범환경설계와 마을만들기의 과제」, '도시문제' 통권 96호, 2005.

山本俊哉「방범환경설계의 실제적측면과 과제」, '일본 부동산학회지' 통권 73호, 2005.

山本俊哉「범죄에서 어린이를 보호하기위한 마을만들기 계획에 관한 고찰」, '일본 건축학회기술보고집', 통권 24호, 2006.

山本俊哉「방범 마을만들기 -어린이들을 지키는 조직의 사례-」, 'Urban advance', 통권 39호, 2006.

小宮信夫「범죄는 이 장소에서 일어난다」, 광문사신서, 2005.

小宮信夫 편저「안전은 이렇게 지킨다-현장에서 정말 도움이 되는 범죄이야기」, 교우세이, 2007.

横失眞理 감수「스스로를 지키자 모두를 지키자-어린이를 위한 안전 · 안심 그림책」, (전 5권)학습연구사, 2007.

横失眞理「범죄의 위험에서 어린이를 지키자」, 학습연구사, 2005.

横失眞理「가까운 위험에서 어린이를 지키는 책」, 대화서방, 2004.

제 7 장

금후의 대처와 과제

제7장

금후의 대처와 과제

1 금후의 대처와 과제

최근 매스컴에서 「환경」, 「복지」, 「IT」, 「어린이에 관련된 사고나 범죄」 등이 자주 크게 보도되고 있다. 그 가운데 많은 국민들의 마음을 아프게 하는 것은 무엇보다도 「어린이에 관한 사고나 범죄」 임에 틀림없을 것이다. 일어나서는 안 될 어린이 사고나 어린이에 대한 범죄를 막고, 안전 · 안심하고 생활을 할 수 있는 생활환경을 성인들이 중심이 되어 사회전체에 창출해내는 것은 시급한 과제라 할 수 있다. 그럼에도 불구하고 이 과제에 대해서는 무관심한 계층이 많아, 일부 관계자나 어머니들만의 노력으로는 도저히 해결할 수 없다는 점이 심각한 문제이다. 아니 어머니일지라도 무관심한 사람들이 많다면 문제해결은 어려워진다.

이 책은 이와 같은 사회에 경종을 울림으로써, 조금이나마 사회전체에서 「어린이의 안전」에 대해 관심을 가지지 않을까하는 기대를 담아 이 책의 출판을 기획하였고, 각계의 지도적 입장에 있는 분들에게 집필을 부탁하였다.

소아과 의사라면 통계를 이용하여 이물질 삼킴을 비롯한 어린이의 생명을 앗아가는 여러 가지 요인이 가정에 다수 잠재되어 있다는 사례를 들어 어머니들에게 경종을 울리고, 건축학의 입장에서는 어머니 스스로가 사고에 책임을 느끼는 한, 건축물이나 놀이기구 제작자가 이 문제에 진지하게 대처하는 자세가 결여되게 된다는 상반되는 사실을 지적함과 동시에 집안에서 일어나는 다양한 사고발생을 예방하는 방법을 소개하였다. 놀이시설 관계자로부터는 국토교통성의 놀이터나 안전대책에 관한 지침 가운데 「리스크」와 「해저드」와의 연관성에 대한 교육을 받았고, 마지막으로는 범죄예방에 대해 대처하고 있는 전문가의 입장에서 어린이를 대상으로 최근 빈번하게 발생하고 있는 범죄에 대한 대책을 다루었다.

각 전문분야에서의 지적은 다양하며 시점도 조금씩 다르기 때문에, 그 즉시 이해하기 어려운 부분이 있을지도 모르겠으나, 지향하고 있는 목표는 단 하나「어린이의 안전」으로 집약된다는 점을 숙지한다면 문제의 해결에는 반드시 공통점이 있지 않을까 생각된다.

본장에서는 이러한 사고방식의 전체적인 흐름을 통해, 보호자, 놀이기구 설계자, 건축설계자 더 나아가 행정기관에 대한 요청 등을 종합적으로 정리해 보기로 한다.

1) 보호자로서의 책임과 의무를 다하기 위해서는

이 책은 기본적으로, 취학 전 어린이를 염두에 두고 기술하고 있다. 그렇다 하더라도 영유아와 취학 직전 어린이에 대한 배려가 전혀 다르다고는 할 수 없다. 초등학교 입학 직전의 어린이라면 사물에 대한 판단이 상당히 진행되어 있으며, 위험에 대한 관찰능력도 회피능력도 상당한 수준일 것이다. 그러나 영유아는 그러한 능력들이 아직 갖추어져 있지 않기 때문이다. 그렇다면 언제부터 관찰능력이나 회피능력이 생겨나는 것일까. 물론 보육서에 쓰여 있긴 하지만, 여기에서는 그것은 문제삼고 싶지는 않다.

그렇다면 어린이의 발달단계는 개개인에 따라 다르기 때문에 그 상황에 맞추어 대응을 할 수 밖에 없다. 바꾸어 말하자면 어린이가 어느 정도로 성장할 때까지는 어린이가 위험하지 않도록 보호자가 확실히 신경을 써주어야 하며, 이것이 사고를 막는 최초이자 최대 포인트라 말하고 싶다. 그러나 보호자에게 알려주면「그런 정도의 것은 알고 있어요」라고 한다. 그러나 알고 있더라도 사고는 발생하고 있으며 위중한 결과 역시 발생하고 있다. 즉 일부의 보호자가 알고 있는 것만으로는 소용없으며, 모든 보호자가 이 문제에 관심을 갖는다면 사고는 감소할 것이다.

이 문제를 해결하기 위한 하나의 제안이 있다. 어린이의 발육상태를 조사하는「검진」이 보건소에서 정기적으로 행해지고 있는데, 이러한 기회를 빌어 각각의 발달단계에 맞춘「사고의 예방」에 대한 강의를 하는 것은 어떨까(실제로 시행하고 있는 보건소도 일부 있다). 특별히 시간을 내어 시행하는 것이 어렵다면, 대기실에 사고가 일어나기 쉬운 상황을 예상한 모형을 놓아두거나 안내책자를 비치하여 대기시간에 읽게 하는 것도 한 가지 방법이 아닐까. 병원대기실에 흔히 붙어있는 포스터의 형식도 바람직할 것이다.

보호자의 의식을 환기시키려면 가능한 한 구체적인 문제를 제기하는 것이 좋다. 예를 들면,

(1) 영유아는 이물질 삼킴 사고가 대부분을 차지하고 있으므로, 이를 방지하기

위해서는…

(2) 연령에 맞는 놀이방법이 중요하다. 예를 들면, 그네 등의 놀이기구는 4세 이상을 대상으로 설계되어 있다. 따라서 3세 어린이가 사용한다면 사고가 발생할 위험성이 매우 높아진다. 이것을 사용하도록 방치하는 것은 보호자의 책임이다…

(3) 어린아이는 보통 형이나 언니의 행동을 따라하려 한다. 그러나 자기연령에 넘치는 놀이기구를 사용하는 것은 위험한 일이다. 그리고 이것을 막을 수 있는 사람은 보호자나 주위에 있는 어른밖에는 없다.

2) 보호자로서의 활발한 활동을 기대

대부분의 보호자들은 보육에 매일 바쁜 시간을 보내고 있는데, 그 중에는 자녀를 키우고 있는 보호자가 어린이와 함께 놀면서 어린이의 관점에서 더욱 안전 · 안심 · 쾌적한 생활환경을 만들어주고자 적극적으로 활동하고 있는 그룹을 자주 발견할 수 있게 되었다.

필자도 「어린이 배리어프리의 마을만들기」에 협력하여 함께 활동한 적이 있으며, 그런 경험에서 작은 의견을 제시해 보고 싶다는 생각을 하였다. 운동 초기에는 보육에 대한 지원활동에 적극적 성향을 가진 사람마저도, 마을의 문제점 개선을 위해 솔선수범하는 행동패턴은 거의 나타나지 않았다. 그러나 활동이 진행됨에 따라, 넓은 사회로 눈을 돌려 활동하는 가운데 자신들이 사는 마을을 객관적으로 주시해보고, 그것에 의해 좋은 점도, 문제라 느껴지는 점 등도 명확해져 간다는 것, 활동이 경과됨에 따라 지역과의 교류가 생겨 서로를 알게 되는 계기가 된다는 점을 느끼면서 활동을 하게 되었다. 그 결과 대체로 기대만큼의 성과가 얻어졌다는 것을 실감할 수 있었다. 이른바 「보육 배리어프리 맵 만들기」는 자신들의 수요를 스스로 명확히 한다는 점에서 매우 효과적이라는 이유로, 앞으로도 효과적인 맵만들기 방법과 프로세스에 대해 매뉴얼화하고, 많은 마을에서 맵이 만들어져 자신들의 생각을 정리해가면서 마을만들기가 구현화 되어갈 것을 희망한다. 또한 한사람의 고민에 그치지 말고 지역에서 같은 생각을 갖는 보호자끼리 연대하여 지역을 만들어가는 것은 상당히 의미가 있으며, 그 활동을 다음 세대에 반드시 계승, 전달해야 하는 것도 중요하다고 생각한다.

3) 놀이기구 설계자의 마음가짐

보호자는 어린이의 움직임에 충분한 신경을 써서 사고를 줄이도록 노력해야 한다는 것은 당연한 사실이다. 그러나 보호자가 아무리 어린이에게 눈을 떼지 않고 있더라도 모든 사고를 막을 수 없다는 것은 이미 앞에서 언급하였다.

그래서 설계자에게 바라는 것이 있다. 앞에서 언급한 바와 같이, 지금까지는 사고가 발생하더라도 보호자 스스로가 자신의 책임이라 생각하고, 제작자 측에 클레임을 거는 경우가 적었을지 모른다. 그러나 이제부터는 전혀 다른 전개가 이루어질 것이라 생각된다. 부모가 적극적으로 제작자 측의 책임을 추궁하게 되는 시대가 오고 있다. 이제 제작자측은 진지하게 설계단계에서 어린이의 안전을 검토해야만 할 것이다. 그래서

(1) 놀이기구를 이용할 때에는 「부모가 지켜보고 있으므로 안전하다」라는 생각은 꿈에도 해서는 안 된다. 우선 설계자는 제품이나 환경을 가능한 한 안전하게 만들어야 한다. 이를 위해서는 모든 측면에서 사고의 발생 메커니즘을 연구하는 자세를 갖는 것이 중요하다. 어떤 의미에서 가장 좋은 재료란 지금까지 발생했던 사고들을 철저하게 연구하는 것일 것이다. 혹은 불만대응실에 접수된 의견을 진지하게 받아들이고 그 해결책을 찾아내는 것이 중요하다.

(2) 어린이의 발육단계에 맞는 안전설계에 대하여 심도있는 연구가 필요하다. 그리고 제품에는 어떤 연령을 대상으로 개발한 제품인가를 표시할 것을 추천한다. 일부 놀이기구에는 그와 같은 표시가 붙어있으나, 전체적으로는 소수에 지나지 않는 것이 현 상황이다.

(3) 어린이는 종종 설계자 측에서 예측하지 못하는 방법으로 놀이기구를 사용하여 사고를 일으킨다. 그렇다 하더라도 책임을 회피하게 되면 다음에 다시 곤란한 문제를 야기시키는 결과를 낳는다. 설계자에게는 온갖 경우를 가정한 안전대책이 요구되고 있다. 그 해결을 위해서는 많은 실험을 반복하여 제품의 안전성을 높여가는 자세가 필요하다.

(4) 생산회사간의 연계도 중요할 것이다. 놀이기구의 설계에 대해서는 일본 놀이기구시설협회가 안전기준을 마련하고 있으나, 이것과는 별도로 발생해버린 사고의 데이터를 공유하여 사고의 감소를 검토하는 것이 중요하다고 생각된다.

4) 주택 · 마을만들기 설계자의 마음가짐

주택 · 마을만들기에 관여하는 설계자는, 어린이를 대상으로 한 놀이터, 유치원, 보육원 등의 건축물을 설계할 때 어린이의 안전을 배려하고 있다. 하지만 그 외의 건축물은 유감스럽게도 성인만을 대상으로 설계하고, 어린이에 대한 고려는

이루어지지 않았다. 혹시 고려하더라도 그저 약간 고려하는 수준에서 설계되어 왔던 것이 현실이 아닐까. 거기에는 함정이 있다고 생각한다. 한발 양보하여 고령자나 장애자에 대하여 배려를 하는 건축물이 최근 다수 설계되었으며, 그 영향으로 어린이에 대해서도 일부 배려가 이루어지게 되었다고 말하고 있으나, 완전하게 어린이의 안전이 확보될 수 없다는 사실은 잘 알고 있을 것이다.

예를 들면 유치원에서 발코니의 난간살 간격은 110mm 이하로 설계해야 한다는 것은 설계자의 상식으로 이해되고 있지만, 공공건물이나 교량 난간에는 그 수치를 지키지 않아 어린이의 머리가 쉽게 빠져나갈 법한 설계사례가 얼마든지 있다. 유치원의 운동장은 부드러운 땅으로 되어 있어 넘어지더라도 심각한 부상은 입지 않도록 하고 있지만, 마을 안에 있는 어린이 놀이터에는 좀 더 딱딱한 재료로 표면이 덮혀있어 부상을 입기 쉬운 상태이다. 마을 어디에 가더라도 어린이가 있기 때문에 이를 위한 안전설계를 어떻게 해야 할 것인가에 대해 진지하게 검토할 시대에 와 있는 것은 아닐까.

5) 유지관리를 철저하게 하자

공원에서 놀고 있던 어린이가 놀이기구의 관리 불충분으로 손가락이 절단된 사고가 있었다. 그리고 공원의 수목식재 및 관리가 충분하지 않아 초목이 무성해져 어린이가 범죄에 말려들었던 사건도 있었다. 이것들은 아무래도 관리자의 관리가 충분했다면, 사고와 사건이 발생하지 않았으리라 생각할 수 있는 일이다. 그런 의미에서 볼 때, 관리책임자가 관리를 게을리 하지 않는 것이 매우 중요하다.

도로도 마찬가지이다. 충분히 정비되어지지 않은 도로가 울퉁불퉁해 발이 걸리거나, 유모차가 지나갈 수 없고, 측구로 아이가 굴러 떨어지고 마는 사고도 발생하고 있다. 유지관리는 정기적으로 필요에 맞게 즉시 시행하여 항상 양호한 상태를 유지하는 것이 행정기관에 맡겨진 의무이다.

6) 지역의 커뮤니티 능력을 기르자

우리가 어렸을 때에는 장난을 치면 알지도 못하는 어른들에게 자주 꾸지람을 들었다. 요즘은 예전과 똑같은 상황에서 어린이를 꾸짖는다면 「뭔데 남의 아이를 나무라느냐」고 싫은 소리를 들을 수 있기 때문에 나무라는 풍조가 없어지게 되었고, 그래서 보고도 보지 못한 척하게 되어 버렸다.

한편 빈집털이나 강도는 주민간의 대화가 많은 지역에서 사건발생수가 적다고 한다(이것은 범인 스스로가 그러한 지역을 가장 싫어하기 때문이다). 이것은 행정기관의 힘만으로는 할 수 없는 일이다. 그러므로 생활하고 있는 주민과 사업자가 하나가 되어 자신들의 마을을 어떻게 지켜 갈 것인가를 먼저 결정하고, 이것을 행정기관이 뒷받침 해주는 것이 필요하다.

앞에서 보호자의 지역에서의 활동에 대해 다루었으나, 이것도 지역에서의 커뮤니티 능력을 기르는 매우 중요한 활동이라 할 수 있다.

7) 사망사고, 중대한 사고에 대한 데이터 축적을

현 단계에서 통계적으로 사용할 수 있는 것은 후생노동성이 매년 발표하고 있는「인구동태통계」의「사망원인 · 가정 내 사고」뿐이다. 그렇더라도 이것은 사망한 사람의 데이터뿐이다. 연구자의 입장에서는 심한 부상의 단계부터 혹은「히야리하트」단계에 이르기까지의 많은 사례와 그와 같은 상황에 이르는 진행과정에 대한 자료를 수집하는 것이 필요하다. 그리고 이는 실제 사고방지를 위해 필요한 대단히 중요한 데이터가 되는 것이다. 일본에서도 겨우 이제야 그러한 기운이 일어나게 되었으나 선진국처럼 진행되고 있지는 않다. 금후 이것을 추진하고 있는 것은 행정이나 NPO법인 같은 조직의 구축이 아무래도 필요한 것 같다.

8) 관계자의 육성을

보호자를 중심으로 한 활동 움직임은 이미 언급하였으나, 어린이 사고에 대한 대응에도 전문지식이 필요하다고 생각된다. 특히 구출과 구급시의 대응을 위해서는 어린이에 대해 잘 알아 둘 필요가 있다. 경우에 따라서는 경찰관도 어린이에 대해 잘 알아둘 필요가 있을 것이다. 그래서 그러한 지식을 가진 인재의 육성이 필요하다.

9) 어린이 안전에 관한 관계자의 문제 공유

마지막으로 정리하면서 더욱 절실하게 느낀 점은, 지금까지 어린이 사고는 하나로 공유된 단어로 묶을 수 있음에도 불구하고, 각 분야의 전문가가 개별적으로 문제를 해결하려는 활동을 하고 있었다는 점이다. 서로의 활동존재를 인식하고 있음에도, 활동목적이 약간 다를 뿐인데 공통장소에서의 활동은 없었다. 역시 큰 문제점이라고 말할 수 있다. 대부분의 사람들은 이러한 문제에 관심을 갖고 있었을 것이다. 예를 들어, 어린이의 보호자, 유치원 · 보육원 선생님, 놀이기구 설계자, 건축설계자, 공원관계자, 행정기관의 관리자 등이다. 그 사람들이 하나의 장에서 같은 문제를 공유하고, 서로의 의견을 나누어, 더욱이 지역사회를 구성하는 다양한 입장의 사람들과 협동하여 활동할 것을 바라는 마음이다.

활동의 이미지는

(1) 데이터의 공유화. 앞에서도 언급했으나 이른바 어린이 히야리하트를 포함한 사고의 데이터베이스화

(2) 관계자의 조직화. 예를 들면 보호자들은 어린이 배리어프리라는 시점에서의 활동이 활성화되어 있다. 우선은 각각의 목적을 갖고 활동하는 것을 지향하고, 혹시 서로 다른 목적을 갖고 있더라도 「어린이의 안전」이라는 키워드를 공유하는 조직의 연합체 구성을 목표로 한다.

그리고 행정기관의 지원이 필요하다. 단, 행정기관은 이와 같은 움직임을 측면에서 지원하는 것이 바람직하다.

칼럼 1

사고방지를 위한 통합적인 정보제공과 안전교육을

지금까지 소개했듯이 가장 많은 어린이의 사망원인은 「불의의 사고」이다. 한편 사고를 막기 위해서는 그를 위한 구체적인 방법이나 사고가 일어나기 쉬운 장소 등을 어린이를 포함한 성인들에게 알릴 필요가 있다. 여기에서는 사고를 막기 위한 제품을 전시하거나, 모델룸을 만들어 집안에서 사고가 일어나기 쉬운 장소를 안내하는 활동을 시행하고 있는 기관을 소개한다.

쿄토 미야코 안심어린이관(http://www.anshinkodomokan.jp)

보육 중 직면하게 되는 고민이나 불안, 어린이의 병 등에 대한 상담, 찾아가기 쉬운 병원이나 전문의료기관 등을 소개하는 「어린이 보건의료상담센터」와 어린이의 사고발생과 방지를 위한 정보 등을 소개하는 「어린이 사고방지센터」이다.

「어린이 사고방지센터」에서는 「세이프티 하우스(Safety House)」라는 모델룸을 설치하고, 이곳에 거실, 부엌, 화장실이나 욕실 등을 재현해놓고 어린이 사고를 막기 위한 포인트와 구체적인 방법을 소개하고 있다. 또한 어린이의 시야나 차일드시트(Child Seat)의 장착을 체험할 수 있는 코너도 준비되어 있다. 더욱이 어린이 사고에 관한 사고데이터를 수집, 분석하여, 그 결과를 보급계발에 활용한다고 하는 사이클을 확립하기 위해 서베이런스(Surveillance) 사업을 실시하고, 사고를 분석 그리고 발생원인, 예방대책 등을 홈페이지에서 널리 알리고 있다.

어린이 사고방지센터 kidsafe

어린이에게 일어날 수 있는 사고에 관한 사진판넬이나 사고예방을 위한 물품, 도서, 신문기사 등의 자료를 전시함과 동시에, 거실이나 부엌 등 일반가정의 모습이 재현되어 집안에서 사고가 일어나기 쉬운 장소를 알기 쉽게 보여주는 「모델룸」이 설치되어 있다.

칼럼 2

Streetwise Safety Center(영국)

영국에서는 주택 내부뿐만 아니라 마을의 모습을 재현하여 안전교육을 시행하고 있는 시설이 있다. 그것이 바로 Streetwise Safety Center로, 커다란 창고 속에 2층 집 및 넓은 도로, 공원, 철도 궤도, 건축현장 그리고 해변까지도 실물크기로 재현되어 있어, 사고나 범죄 등 어린이의 일상생활을 위협하는 요인에 대하여 체험을 통한 여러 가지 지식이나 정보를 얻을 수 있다.

시설은 크게 6개의 코너로 나뉘어져 있다(그림 7-1). 방문한 어린이들은 6~8명의 그룹으로 나뉘어져 자원봉사자(가이드)와 함께 약 2시간 정도에 걸쳐 시설을 둘러본다. 각각의 코너에서는 그 장소에 어떠한 위험이 숨어있는가, 그 위험을 피하기 위해서는 어떠한 방법이 있는가, 그것이 잘 이행되지 않았을 때에는 어떠한 방법을 취해야 하는지를 설명하고 익힐 수 있도록 해 준다.

슈퍼마켓

콘후레이크, 땅콩, 알콜, 약품 등 실제로 슈퍼마켓에서 판매되고 있으며, 또한 취급방법에 따라서는 위험물이 될 수 있는 것들을 진열하고 있다.

공원

스트레인저(stranger, 낯선 사람)에 대한 위험성을 가르친다. 과자나 게임기를 가지고 혹은 「데려온 개가 없어졌는데 함께 찾아주었으면 좋겠다」는 등 이야기를 걸어오는 사람이 있는 경우, 그것이 유괴 등의 범죄로 이어진다는 것을 가르친다.

어두운 골목

범죄에 말려들 우려가 높은 곳, 따라서 이곳을 어떻게 통과하는가가 아니라 「이와 같은 골목은 지나가지 말 것」을 지도한다.

정원과 창고

연못에 빠질 가능성이 있다는 것과 원예용 기구나 농약 등의 위험성에 대해 가르친다.

집안

집안에서 일어나기 쉬운 사고와 그 원인, 장소, 화재발생시 연기의 흐름 등을 배운다.

공중전화

999(한국에서는 119에 해당)에 거는 방법(무엇을 어떤 순서로 말하는가)을 배운다.

Streetwise에는 「도시에 익숙해져 있음」, 「도시에서 생활하기 위한 방법을 알고 있음」이라는 의미가 있다. 여기에서는 일상생활을 안전하게 보내기위한 방법을 배운다는 의미가 담겨져 있는 것이다. 우리나라에도 이러한 안전교육을 위한 시설이 생겨나기를 기대해본다.

그림 7-1 배치도와 연수동선

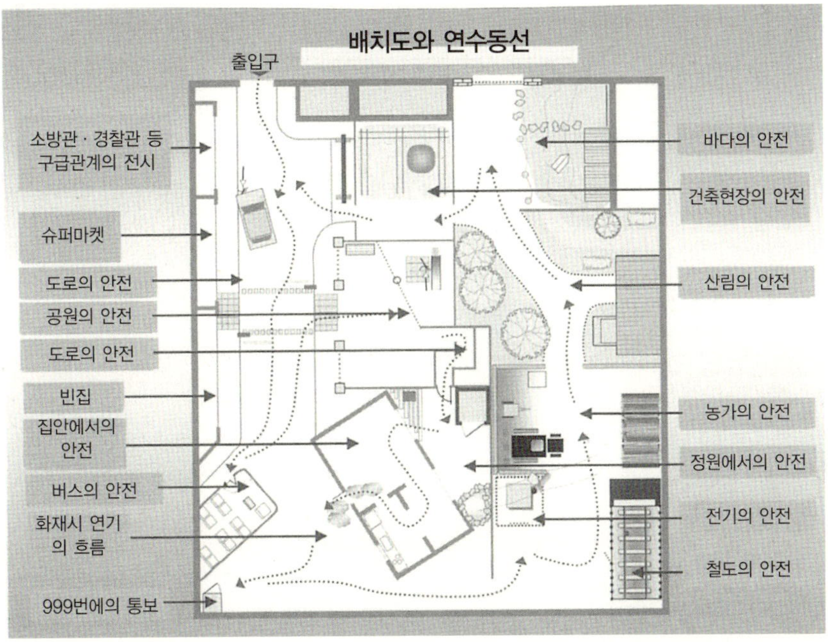

찾아보기

ㅇ

ㅈ

역자 소개

배현미(裵賢美)

고려대학교 졸업

일본 東京大學 대학원 석사

일본 東京大學 박사

現) 중앙건설기술심의위원회 위원, 중앙산지관리위원회 위원

국립목포대학교 공과대학 조경학과 교수

김미희(金美姬)

목포대학교 졸업

목포대학교 주거실내디자인협동과정 석사

목포대학교 아동학과 박사과정 수료

現) 예일디자인아카데미 목포학원 부원장

예일디자인(실내건축업) 실장

박정희(朴貞姬)

서울대학교 졸업

서울대학교 환경대학원 석사

경희대학교 박사

現) 전라남도 복지여성국장

국립목포대학교 생활과학예술체육대학 아동학과 교수